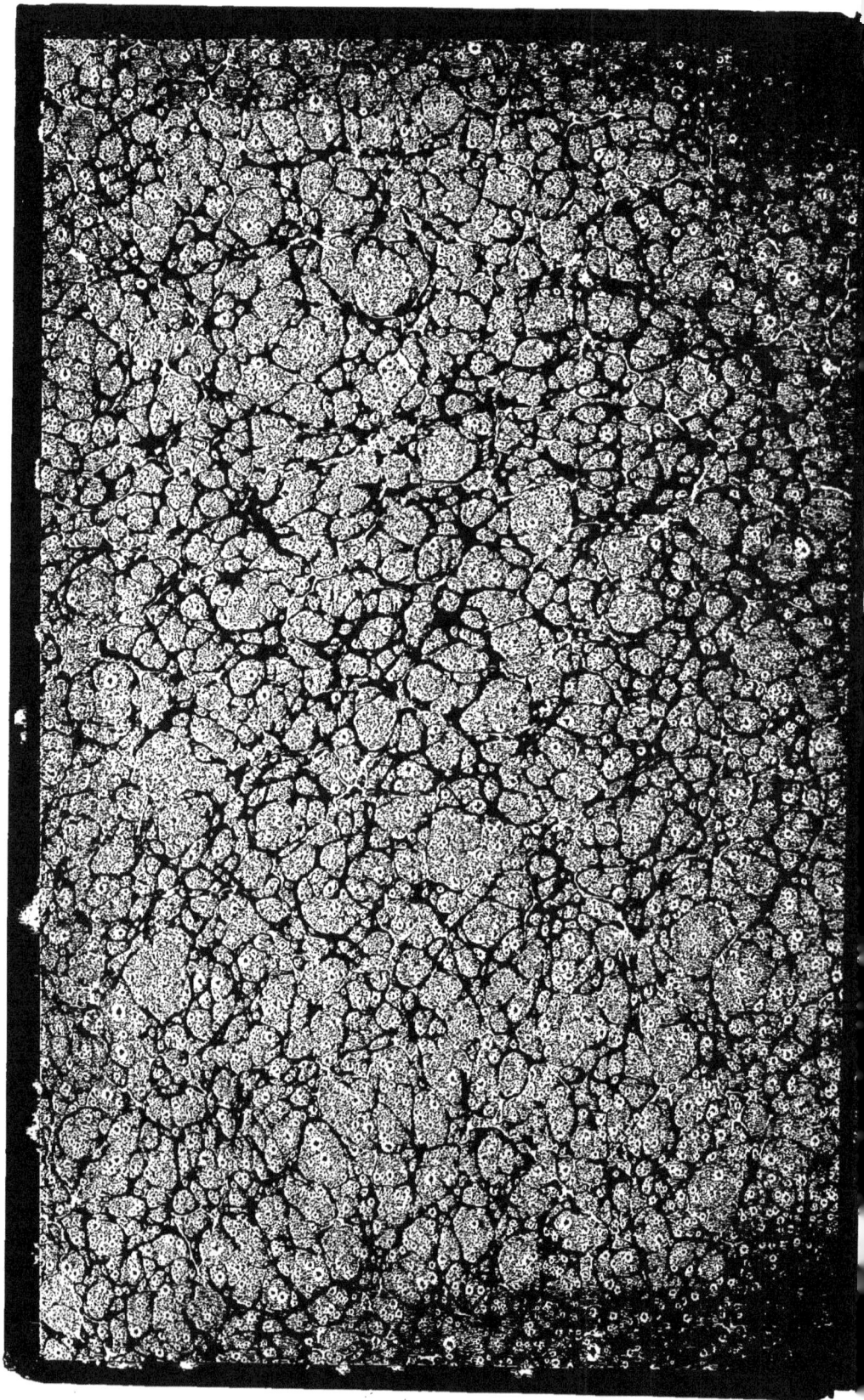

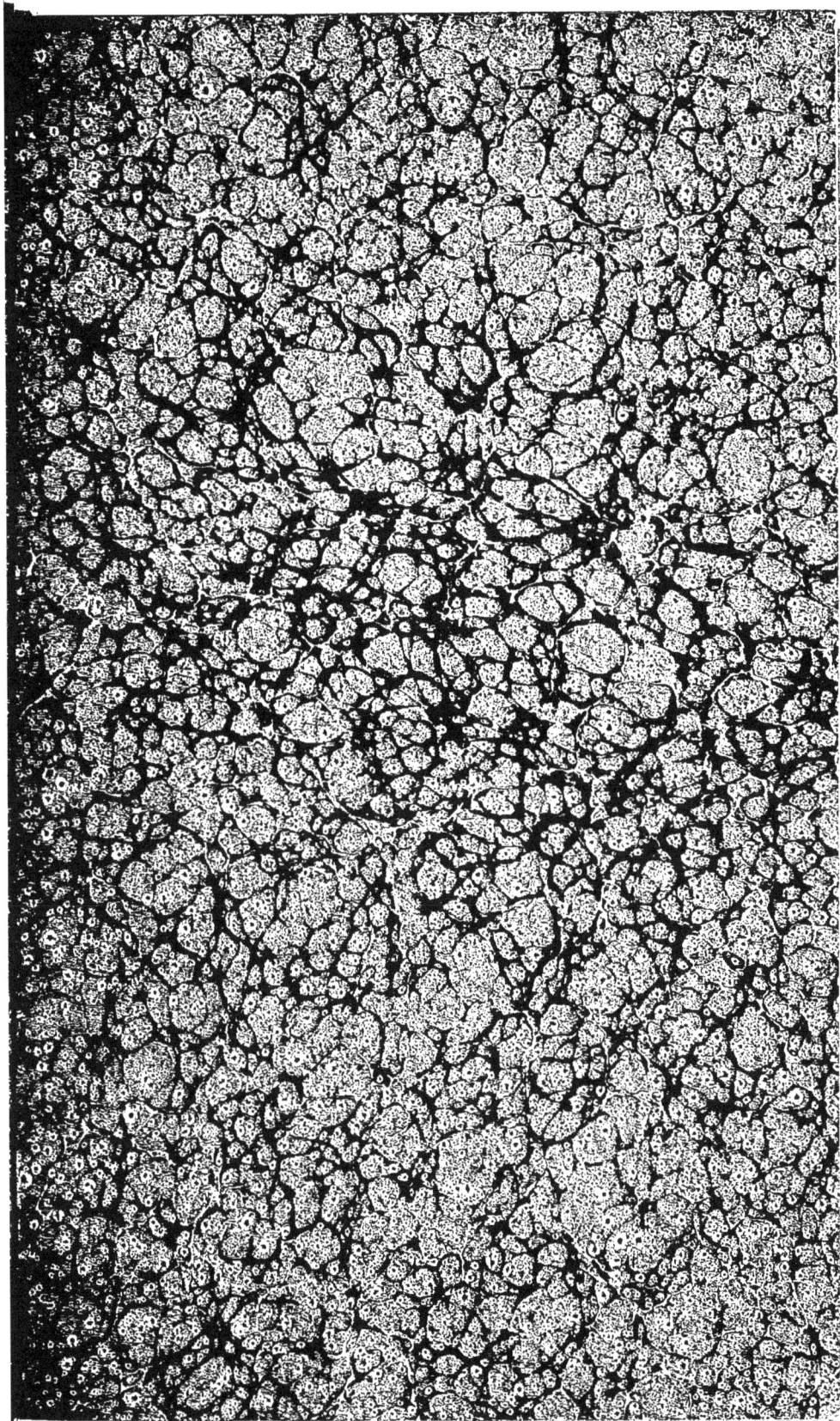

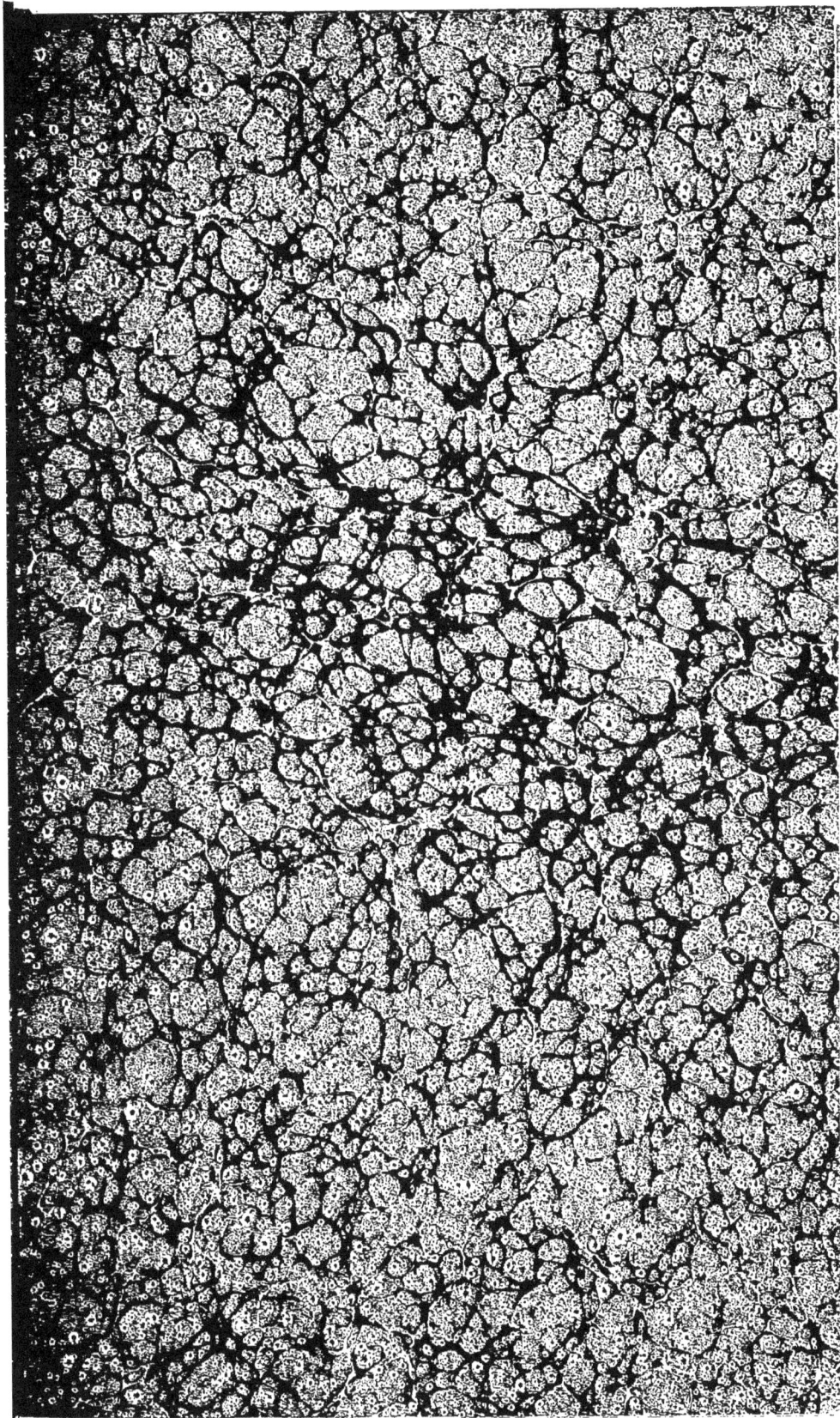

LE

PETIT CULTIVATEUR,

OU NICOLAS,

L'Orphelin du Hameau.

AMIENS,

Imprimerie de DUVAL et HERMENT, place Périgord, 1.

LE
PETIT CULTIVATEUR,

OU

NICOLAS,

L'Orphelin du Hameau,

Par N. GRÉVIN, de Beauval (Somme).

N'oublions jamais que Dieu a dit :
« Je condamne l'homme à cultiver la
» terre. » Que cette pensée ne nous
quitte jamais un seul instant.

SE TROUVE :

Chez tous les Libraires du Département.

—

1850.

PRÉFACE.

Si l'on veut que le peuple soit tranquille et confiant, il faut rendre sa position prospère ; il faut lui procurer la plus grande somme de bonheur possible. Pour arriver à ce but, bien des tentatives ont été faites depuis le commencement de ce siècle, qu'on appelle à juste titre celui du progrès et des lumières ; mais elles ont été infructueuses. Les philanthropes, les nombreux et éminents écrivains qui ont entrepris cette honorable mais pénible tâche, n'ont réussi qu'à mettre leurs talents littéraires en évidence. Constamment ils se sont bornés à étayer leurs opinions, leurs jugements, d'expressions savantes, sans doute, mais peu intelligibles ; jamais, à mon avis, ils n'ont ni découvert ni fait connaître la véritable source où l'homme peut puiser le bien-être ; jamais, dis-je, ils n'ont parlé de la terre et de sa culture en termes propres à être compris des personnes qui n'ont point reçu une brillante éducation.

Je vais essayer de réparer leur erreur. Mon style,

je dois le dire, ne sera ni fleuri, ni prétentieux :
j'écrirai avec simplicité, avec bonhomie ; je jetterai sur
le papier, en vrai cultivateur, comme un homme certainement peu instruit, mais animé du noble désir
d'être utile à ses semblables, les enseignements qu'une
longue expérience m'a donnés. J'ai donc le droit de
compter sur la bienveillance et l'indulgence de mes
lecteurs, et je les réclame. — J'entame mon sujet.

C'est de la terre qu'on devrait s'occuper préféra-
blement. On devrait apprendre à l'homme, dans sa
jeunesse, à la connaître, à l'aimer comme sa mère,
et même mieux : car, lorsqu'il grandit, il délaisse
celle qui lui a donné le jour, pour s'unir à la femme,
et il ne peut quitter la terre. Il est toujours avec elle ;
il ne saurait vivre un seul instant sans elle. S'il est
obligé de travailler pour qu'elle le nourrisse, il ne
doit pas l'en accuser, c'est le Créateur, le père de
tous les hommes, qui l'a voulu. Dieu ne l'a fait que
par suite de la désobéissance du premier homme ; il
ne l'a fait que parce qu'il l'a trouvé juste et nécessaire. Tous les bons pères agissent de même. Quel est
le père qui ne corrige pas son enfant, lorsqu'il manque, afin de l'empêcher de tomber dans une plus
grande faute ?

Nous ignorons les motifs pour lesquels notre créateur nous a infligé une si forte punition. Nous ne pouvons les contester, et nous ne saurions nous permettre
de les discuter. Il a prononcé sa sentence ; elle est di-
vine ; il faut nous soumettre de bon cœur à sa sainte vo-

lonté ; obéissons donc avec grâce: c'est le seul et unique moyen d'être heureux.

J'ai dit que nous devrions commencer notre carrière par apprendre à connaître la terre et à l'aimer; j'ajoute maintenant que nous devrions aussi chercher avec empressement les véritables moyens de la traiter , de la cultiver, afin qu'elle satisfasse abondamment à nos besoins . D'ailleurs quel est celui qui peut dire, dans sa jeunesse, qu'il n'aura pas à s'occuper d'agriculture pendant le cours de sa vie ? où sont les parents qui oseraient assurer que leurs enfants n'auront jamais besoin de connaître l'une des branches de cette belle industrie, quoique leur intention soit de les adonner au commerce, aux arts, aux sciences, aux professions libérales? Est-ce que tous les hommes indistinctement n'ont point à s'en occuper et ne s'en occupent pas dans les diverses positions où ils se trouvent, pour régler les différends qui y ont rapport et qui les intéressent ? Est-ce que les gouvernants eux-mêmes ne font pas tous leurs efforts afin qu'elle procure du travail aux pauvres? Comment parviendront-ils à leurs fins s'ils n'en connaissent pas les éléments, s'ils ne savent pas en retirer de produits ? D'un autre côté si les cultivateurs ne récoltent pas pour eux-mêmes pourront-ils approvisionner nos marchés? Comment le grand propriétaire se fera-t-il payer si son fermier ne récolte pas assez ; et comment assurer le bonheur du peuple sans récolte ?

N'est-il pas dès-lors à propos, utile, indispensable, d'étudier les principes de l'agriculture en même temps qu'on se pénêtre de ceux de la religion, en même temps qu'on apprend à lire?

N'y a-t-il rien de plus absurde que de voir les enfants de grands propriétaires aller visiter les fermiers de leur père, sans savoir comment il faut cultiver la terre pour ensemencer le blé, qui est leur principale nourriture? N'y a-t-il rien de plus humiliant que de voir les enfants de grands cultivateurs, après 12 ans de classe dans les premiers colléges, revenir au sein de leur famille, sans avoir la moindre notion, la moindre idée de ce qui doit les occuper incessamment?

A les entendre, ils savent tout; il y a déjà très-longtemps qu'il sont reçus bacheliers (je ne viens pas contester leurs connaissances), et ils ne sont point capables, le lendemain de leur rentrée de classe, de commander le dernier de leurs domestiques! N'est-ce pas là une honte pour eux ?

Ils sont bien excusables toutefois : car je ne sache pas qu'il existe aucun traité élémentaire d'agriculture. Mon intention est de combler cette lacune. Puissé-je réussir dans cette difficile et laborieuse entreprise, ou du moins éveiller les esprits des hommes capables et compétents en pareille matière, afin qu'ils fassent ou fassent faire des ouvrages qui enseignent les meilleures méthodes à mettre en pratique, et qui puissent être remis entre les mains des élèves des écoles, des pensions, à l'âge où ils apprendront les devoirs qu'ils ont à remplir envers Dieu, envers leurs parents et envers les hommes !

Que n'essaie-t-on d'inculquer aux jeunes-gens, dans les établissements d'instruction publique, les principes de l'agriculture ? Il est aussi facile, je pense, de faire un cultivateur, en pension ou dans les grandes institutions universitaires, que de former un avocat à l'école de droit. Que n'essaie-t-on de présenter la profession d'agriculteur sous son véritable aspect, c'est-à-dire de démontrer quelle est réellement supérieure à toutes les autres ?

Personne, jusqu'à ce jour, n'a encore révélé son importance ; personne n'a encore eu l'idée de constater, par des raisonnements irrésistibles, qu'elle peut seule donner à l'homme toutes les satisfactions, toutes les jouissances désirables. Au lieu de la réhausser, on s'est plu jusqu'ici à la ravaler.

Aussi, bien loin de chérir la terre, la plupart des jeunes-gens la détestent. On leur a trop laissé croire qu'elle demande un travail soutenu, des soins incessants ; qu'elle exige toujours beaucoup de peines, sans offrir une récompense certaine, sans garantir de grands produits. On ne doit donc pas s'étonner que les sujets véritablement capables la fuient.

C'est là une chose assurément fâcheuse, déplorable : car ces hommes de mérite auraient apporté à la terre une offrande utile, en allégeant par de nouveaux instruments les travaux qu'elle réclame. Ils auraient de plus exercé une heureuse influence auprès des personnes appelées à nous gouverner ; ils auraient conquis leur sympathie ; sans aucun doute, ils auraient fait

tout leur possible pour qu'on récompensât largement
ceux qui cherchent à donner de l'essor à l'agriculture,
ceux qui, en un mot, y apportent quelque amélioration.

Les hommes qui sont à la tête de l'administration,
rendons leur cette justice, font tout ce qu'ils peuvent
pour nous venir en aide. Ils s'attachent à nous faire
apprécier, tous les jours, dans leurs instructions,
dans leurs écrits, les avantages que l'on aurait en
bien cultivant la terre. Ils s'ingénient à nous faire
comprendre que l'air est utile à la jeune plante dans
une terre bien cultivée ; que, mieux on cultive, plus
il est facile de cultiver ; qu'une terre qui rapporte
beaucoup est facile à entretenir en bon état d'engrais ;
enfin, ils nous déduisent tous les avantages qui ré-
sultent d'une bonne culture basée sur ces indications.
Témoignons leur notre reconnaissance, et mettons à
profit les avis qu'ils veulent bien nous donner.

Mais je m'aperçois que je m'éloigne du sillon que
je voulais parcourir, c'est-à-dire de mon sujet, et je
m'empresse de m'en rapprocher, en conseillant, une
dernière fois, l'étude et la pratique de l'agriculture.
N'oublions jamais, du reste, que Dieu a dit : Je condamne l'homme à cultiver la terre. Que cette pensée
ne nous quitte jamais un seul instant !

LE
PETIT CULTIVATEUR,
OU NICOLAS,
L'Orphelin du Hameau.

CHAPITRE 1.er

Je naquis vers l'an 1825, de parents pauvres, dans le département de la Somme, arrondissement de Doullens, dans un hameau près de cette ville, sur les bords de l'Authie. J'ai eu le malheur de perdre mes parents à l'âge de dix ans. Je n'avais reçu qu'une faible éducation, selon ma position; j'entrai en condition chez un petit fermier voisin de mes parents. Ma principale besogne consistait à soigner les vaches, qui étaient au nombre de six. Il me donna pour me seconder un jeune chien que je dressai convenablement, et qui m'était très-fidèle. Lorsque mon maître m'envoyait garder les vaches dans les plants, j'avais bien soin de ne pas les laisser avancer plus loin, dans l'herbe, que la ligne qu'il m'avait tracée, pour un ou plusieurs jours, et s'il y en avait une qui voulut s'en écarter, manger les haies ou abimer une jeune ente, je l'en empêchais, aidé par mon chien. A chaque fois que je rentrais à la ferme, j'avais toujours bien soin de donner à manger à Phanor (c'est le nom de mon chien). Je le mettais aussitôt à la chaine afin qu'il se reposât et qu'il ne fît pas d'autres connaissances que moi.

Pour parler de mon chien, qui me secondait et qui m'était cher, j'ai négligé de dire les soins que j'apportais à mes vaches ; mais je les reprends. Je me levais tous les jours, en été, à quatre heures du matin ; je rinçais mon seau, afin qu'il fut toujours en bon état, et j'allais traire mes vaches ; je dis *mes*, parce que je les considérais comme à moi. Je leur faisais le pansement avec une étrille, une brosse, et je les secouais avec de la paille. Cette besogne terminée, je donnais à déjeuner à mon chien, et aussitôt je faisais la litière, et je balayais l'écurie tous les jours, et j'avais soin de ne rien laisser dans le conduit qui mène les urines au réservoir. Je mettais de la paille pour faire une bonne litière ; je faisais rentrer mes vaches avec soin, je les liais, je leur donnais un peu à manger, lorsque j'en avais reçu l'ordre. J'allais immédiatement demander à mon maître ou à ma maîtresse s'ils n'avaient pas besoin de moi pour quelque travail, que je faisais à l'instant même lorsqu'il y en avait. Aussitôt que la besogne que l'on me commandait était terminée, je prenais ou on me donnait mon déjeuner. Je détachais ensuite *Phanor* et j'allais chercher mes vaches pour les conduire à la pâture. J'avais toujours bien soin, lorsqu'il y avait de mauvais pas à franchir, de prendre mes mesures pour qu'il ne leur arrivât aucun accident. Si je devais les faire passer dans une partie étroite, je me mettais loin derrière elles, et je faisais rester mon chien derrière moi, afin qu'elles ne cherchassent pas en se poussant, par la frayeur qu'elles auraient pu avoir de moi ou de mon chien, à passer à deux ensemble où il n'y avait place que pour une. Si je devais les faire passer dans une descente rapide et glissante, je prenais aussi mes précautions pour qu'elles ne se suivissent pas de trop près, et, lorsque j'allais les conduire dans les champs à des verdures, je ne leur donnais pas trop à manger en arrivant, afin que le manger ne leur fît aucun mal. Enfin, j'ai soigné si bien mes vaches pendant deux ou trois ans, que mon maître en a gardé deux ou trois de plús. Il m'a pris en affection, et il m'a acheté de beaux habits. Il m'envoyait l'hiver, pendant trois mois, à l'école du magister, ce qui m'a donné facilité d'apprendre à écrire.

J'avais douze ans et demi lorsque le berger du hameau tomba malade, et, pour qu'il ne perdît pas sa place, je m'offris à le remplacer, en promettant à mon maître que je ferais double travail le matin; qu'après avoir donné à mes vaches tous les soins et toute la nourriture qui leur était nécessaire le matin, j'en chercherais pour l'après-midi, dans les plants à portée de la ferme : ce à quoi il consentit, en s'engageant à faire faire à mes vaches ce qui leur serait nécessaire pendant mon absence. Ainsi, à douze ans et demi, j'étais berger du petit troupeau du hameau et vacher de mon maître. Je ne citerai pas la marche que j'ai prise pour que mes vaches ne souffrissent pas ; je vais seulement parler des soins que j'apportai aux moutons.

2.

Les maîtres qui ont un berger en commun, soignent leurs moutons à l'écurie ; je n'avais à m'en occuper que vers onze heures du matin. C'était vers la fin de mai, je partais avec tous les moutons du hameau, et *Phanor* qui était très-intelligent et qui comprenait tout ce que je lui commandais. Je prenais en plus le chien du berger dit chien de pied, afin de ménager le mien. Je faisais paître mes moutons sur les prairies ou le long des chemins, ou même dans les jachères, jusqu'à quatre ou cinq heures du soir. Lorsque je voyais que le soir allait arriver, je m'acheminais avec mon troupeau vers la pièce du fermier, qui devait à son tour donner de la verdure à mon petit troupeau. Arrivé dans la pièce, je faisais manger à mes moutons ce qu'ils avaient laissé la veille, tandis que je mesurais, de la manière la plus simple, les quantités de verdure que j'avais le droit de faire manger, selon ce qui était convenu avec l'un des propriétaires de mon petit troupeau ; je faisais deux remarques avec ma houlette en creusant un trou dans la terre. Je m'asseyais à côté de mon troupeau pendant qu'il se rassasiait convenablement, et je faisais soigner par mes chiens ce qui lui était réservé pour le lendemain. Aussitôt que mes moutons étaient, selon moi, suffisamment rassasiés, je les reconduisais au hameau, ce que je fis pendant quinze jours que dura la maladie du berger, en changeant toutefois de propriété, selon et comme me l'ordonnaient les maîtres des moutons, afin que chacun d'eux contribuât pour sa quôte-part à la nourriture du troupeau. Les quinze jours pendant lesquels dura la maladie du berger, suffirent pour prouver aux propriétaires les bons soins que je donnais aux moutons, parce qu'ils avaient déjà reconnu qu'ils prenaient de l'embonpoint. Ils m'offrirent, malgré mon bas-âge, la place de berger, ce que je refu-

sai, quoiqu'elle fut beaucoup plus lucrative que celle que
j'avais, en disant que je ne l'avais fait que dans le but
d'être utile au berger et non pour lui prendre son pain et
celui de ses enfants. Je retournai immédiatement réprendre
ma place et ma besogne chez mon premier maître, où je
continuai encore neuf mois à m'occuper du soin des vaches, et de ce que je pouvais faire dans l'intérieur de la
ferme. Pendant ce temps l'hiver se passa, et le moment des
travaux de jardinage arriva...

Février, 28. — J'avais alors 13 ans, et j'étais d'une
assez bonne constitution. Il est inutile, selon moi, de venir
dépeindre le courage, les soins et l'activité que je portais
à soutenir les intérêts de mon maître dans tout ce que je
pouvais faire. Les travaux que je faisais, et que je vais citer,
(sans ceux que j'omettrai et que je crois inutile de rapporter
ici) prouvent assez quelle était ma conduite chez mon patron.
Je ne signalerai que ceux que je croirai les plus utiles à
ceux qui voudront m'imiter.

Je commençai, vers la fin du mois de février, au moment
où les terres commencent à sécher, à bêcher la terre destinée à faire le jardinage potager. J'ai commencé avec un
homme assez âgé, qui m'indiquait la manière de le faire.
Il me recommandait de ne pas prendre de grosses pellées,
de bien dresser la terre que je retournais, de la retourner
avec précaution, afin de ne pas laisser l'herbe dehors, pour
qu'elle meure; de ne laisser aucun vide, ou le moins possible, dans mon travail, et de ranger mes pellées de terre
avec autant de précaution que le fait un maçon lorsqu'il
pose une pierre; d'enfoncer ma bêche de toute sa longueur
dans la terre, au moins trente centimètres; de rendre la
surface de mon travail aussi unie que l'est la façade d'un

mur fait avec des moëllons et du mortier, et de mettre du fumier dans une raie ou sillon avec un fourchet, au moins une fois chaque trente centimètres.

J'eus de la peine à faire ce travail, mes mains n'étant pas encore assez durcies pour le supporter; elles s'enflèrent. Il s'y forma des vessies que mon maître me défendit de crever. Je prenais quelquefois dans mes mains un peu de terre humide pour les rafraîchir, ce qui me faisait du bien; et, au bout de dix jours, elles étaient très bien guéries et très dures.

J'ai eu aussi, dans cette période de temps, du mal dans les avant-bras et dans les épaules; mais ce qui me faisait souffrir le plus c'était le mal de reins, car j'avais bien de la peine à me redresser, lorsque je voulais me reposer, comme j'en avais pour m'abaisser, lorsque je voulais recommencer mon travail. Je me suis dit plus de mille fois qu'il m'était impossible de continuer ces sortes de travaux. J'avais du courage; je réfléchis que beaucoup d'enfants moins forts que moi bêchaient continuellement la terre, qu'ils n'étaient même pas aussi bien nourris chez leurs parents que je l'étais chez mon maître; je conclus de là que ce travail, quoique fatiguant, était possible; je persistai à le faire, et quelques jours après je ne me sentais plus aucune douleur, et je n'en ai plus ressenti après, pour tous les autres travaux que j'ai faits à la suite, j'ai donc, pour la sensibilité des membres, passé maître dès mon début. Je ne parlerai donc plus des souffrances qu'elles m'ont occasionnées, ni des soins que je continuai d'apporter à mes vaches; pour m'occuper d'un travail plus important, et je vais ensemencer mon jardin sans détailler la contenance que je semerai de chaque sorte de légume, parce que la quantité dépend du goût que les maîtres ont pour chaque sorte et du nombre de per-

sonnes à nourrir. Je me bornerai à dire à quelle époque je
les ai semés ou plantés, comment je l'ai fait et comment je
les ai cultivés.

Aussitôt que j'ai eu un peu de terre de bêchée et que le
temps a été sec, j'ai biné la surface de mon bêchage, parce
que je l'avais fait en temps humide ; je l'ai rattelé aussitôt ;
j'y ai fait des traces très droites avec mon pied, et je me
suis mis à planter des pois chauds. Je les enfonçais dans la
terre, au moyen d'un trou que je faisais avec mon plantoir, à neuf centimètres de distance. Je mettais deux grains
de pois et ainsi de suite jusqu'au bout de la ligne que j'avais
tracée, ou de la ficelle que j'avais tendu pour me servir
d'indicateur. J'avais soin de recouvrir les grains avec un
peu de terre sèche. Ce travail terminé je recommençais une
autre ligne à dix-huit centimètres de la première, ce que je
continuai de faire jusqu'à ce que j'eus planté le terrain
que m'avait indiqué mon maître, à qui je reportais ce qui
m'était resté de graine de pois.

Le temps était encore très-froid ; on pouvait encore
craindre la gelée et la neige. Il me vint l'idée de chercher à
garantir mes pois de deux ennemis qui pouvaient lui
nuire. Je pris immédiatement une hotte, parce que le chemin (quoique le jardin ne fut pas très-éloigné de la ferme),
était très mauvais. J'entrai dans l'écurie, j'enlevai toute la
paille qu'il y avait, je ramassai deux ou trois hottées de
crottin de cheval que je portai sur mon parc de pois, et
j'eus soin, en le jetant dessus mon parc, de bien frotter
avec mes mains, afin qu'il ne restât pas de gazon pour que
mes pois puissent facilement lever ; j'ai donc entièrement
recouvert mon parc de pois de ce fumier, qui donnait, en
même temps que la chaleur, de l'engrais à la terre de mes
pois, et je revins, satisfait du travail que je venais de

2.*

faire, rejoindre mon maître dans la ferme. Je lui fis part de ma manière de travailler, et je reçus de lui des félicitations, il m'a encore promis de me récompenser un peu plus tard, ce qu'il a exécuté. Je ne retournai pas au jardin ce jour-là, je m'occupai le reste de la journée de ma besogne dans la ferme.

Le lendemain nous étions le 1.ᵉʳ mars. J'ai continué de bêcher pendant quelques jours, parce que le temps était favorable et le moment de semer les oignons est arrivé, j'ai arrangé environ quatre-vingt-quatre centiares de terre pour en semer dans l'intérieur du jardin et dans une des places les plus convenables, je l'ai bien rattelée pour la faire sécher ; j'ai ramassé tout ce qui pouvait être nuisible, à la surface de la terre, soit à la plante, soit au travail que nécessite plus tard la graine que j'allais ensemencer, telles que racines, pierres, herbes, certains autres objets nuisibles qui se trouvaient à la surface de la terre ; aussitôt ce travail terminé, j'ai bien cendré ma terre. Malgré tous les engrais que j'y avais enfouis l'hiver, j'y ai encore mis trois ou quatre hottées de fiente de poule, ce qui est un très bon engrais. J'ai aussitôt, avec mon rateau de fer, enterré la fiente et la cendrée, et j'ai fait tout bien sécher avec la terre. Ce travail terminé, j'ai bien rebattu la terre tant avec mes pieds qu'avec un instrument de bois que j'avais à ce destiné, jusqu'à ce que la terre eût été bien resserrée. J'ai ensuite pris six décagrammes deux cent cinquante centigrammes de graine d'oignon de la première qualité, que ma maitresse avait acheté, et quelques graines de poireau, que j'ai mis dedans. Je les ai semés avec précaution dans ma petite pièce de terre, afin de ne pas en mettre plus dans une place que dans une autre. J'ai enterré le grain que je venais de semer avec mon rateau, sans l'enfoncer beaucoup dans la

terre. Ce travail terminé, j'ai cru avoir fait mon devoir, et je suis retourné en faire part à mon maître.

J'avais encore de la terre de bêchée, et le lendemain j'ai arrangé quarante-deux centiares de terre pour semer des carottes. J'ai rattelé la terre d'une manière convenable, sans prendre autant de soin que pour les oignons, parce qu'il faut moins d'apprêt à la graine de carottes qu'à la graine d'oignons. J'ai bien rattelé ma terre en battant les plus grosses roques jusqu'à ce que ma terre ait été convenablement arrangée. J'ai bien frotté dans mes mains quelques têtes de semence de carottes, que mon maître avait récoltées. J'ai semé seize grammes de graine pure dans quarante-deux centiares de terre, et j'ai aussitôt enterré cette graine avec mon rateau. Je n'ai pas mis de nouveaux engrais, parce que ceux que j'avais mis l'hiver dans la terre m'ont paru suffisants.

J'ai planté aussitôt deux à trois ares de pommes de terre chaudes que j'ai coupées par morceaux, en ayant soin de laisser un ou deux œillets à chaque morceau. Je prenais mes précautions, en les coupant, pour ne pas endommager les racines des germillons qui étaient dans l'œillet. Je faisais pour cela des morceaux assez épais, et, lorsque j'en eus coupé pour planter la moitié de mon parc, environ 4/10es d'hectolitre, je pris immédiatement une bêche et je me livrai à ce travail ; je pris aussi deux petits bâtons d'environ soixante centimètres de longueur et une ficelle. J'attachai ma ficelle à un bout de chaque bâton, que j'ai ensuite entortillée, et je fis un petit cran à cinquante centimètres de la pointe de chaque baton, ce qui devait me servir de régulateur pour la distance entre deux lignes de pommes de terre. Je tendis ma ficelle du côté de la lisière ou du bout de ma pièce, et je commençai à faire des trous avec ma bêche pour planter une pomme de terre, que j'enterrai de dix à quinze centimètres dans la terre à environ vingt-huit centimètres de distance l'une de l'autre. Je continuai ainsi le long de mon parc, et, la première ligne terminée, je changeai mes deux petits jalons et ma ficelle, et je les plantai à cinquante centimètres du premier trou. Je continuai mon travail jusqu'à ce que j'eus planté mes pommes de terre, et, le lendemain, je fis le reste de ma pièce dans le même sens.

Vers le 5 mars, ma maîtresse a acheté un cent de choux dits de Dieppe, qu'elle m'envoya planter autour de son parc d'oignons. Je calculai à quelle distance je pourrais les mettre selon et comme son parc d'oignons était disposé. J'ai trouvé que j'avais quarante mètres de tour, et j'ai planté mes choux à quarante-deux centimètres l'un de l'autre. J'ai pris, pour le faire, un petit plantoir que j'enfonçai dans la terre un peu plus profond que les pieds de mes choux n'é-taient longs. J'avais soin de ne faire qu'un trou juste pour enfoncer mon chou jusqu'à la rosette, et, lorsque mon chou était bien placé, je posai le bout de mon plantoir à trois centimètres du trou et du chou; je l'enfonçai dans la terre un peu en triangle pour qu'il aille rejoindre le bas du premier trou que j'avais fait. Je redressai immédiatement mon plantoir, en appuyant contre le chou; la terre rejoi-gnait le chou, et il se trouvait planté et serré de la meil-leure manière possible et avec activité.

Pendant le temps que j'ai fait tous ces petits travaux, les plaies que j'avais aux mains se sont encore mieux gué-ries, et la peau, durcie par le travail du bêchage, s'est épaissie; mes bras, mes épaules et mes reins ont perdu la sensibilité que le mauvais travail de bêcher la terre leur avait occasionnées, et il m'a été facile de bêcher toute la

petite partie de terre destinée au jardinage de mon maître.
J'étais même plus gai qu'avant d'entreprendre ces travaux.
Il me semblait que je venais de faire un grande conquête,
et il n'y avait que pour moi de parler, lorsque je me trouvais, un moment le dimanche après les offices, avec mes
camarades. Ils étaient surpris et jaloux de voir un pareil
changement en moi; mais ils l'étaient encore bien plus
lorsqu'ils remarquaient que j'avais quelques pièces d'habillement neuf que mon maître m'achetait, et quelque sous
dans ma poche, qu'il me donnait et que j'avais bien soin
de ne pas dépenser. Si j'en dépensais quelquefois un ou
deux, ce n'était qu'en l'honneur de quelque grand jour ou
pour des circonstances extraordinaires.

Mon maître voyant que j'avais beaucoup de ménage-
ments et assez d'intelligence, me prenait toujours de plus en
plus en affection, et il n'hésitait pas de me donner son cheval
lorsqu'il n'en avait pas besoin, pour m'envoyer faire une
commission dans un village voisin du Hameau, ou quelquefois conduire du grain au marché avec ma maîtresse. J'a-
vais toujours soin de ne pas maltraiter le cheval qu'il me
donnait, et je ne le faisais jamais courir. J'avais même bien
soin, lorsqu'il m'envoyait avec sa voiture, de marcher
à pied en montant les côtes, de tenir mon cheval par la
bride, afin de le conduire dans le meilleur endroit du chemin, comme j'avais aussi bien soin de tenir le cordeau un
peu tendu en descendant, afin que le cheval ne s'emporte
pas et ne s'abatte pas. Je cherchais toujours à éviter les
trous ou les ornières, afin d'épargner du mal à mon cheval.
Il ne s'est pas passé beaucoup de temps pour que ceux qui
me voyaient informassent mon maître de la bonne conduite
que j'avais et des précautions que j'apportais pour soutenir
ses intérêts, et il arrivait assez souvent, après un bon rap-

port, que, lorsqu'il m'envoyait faire quelques courses, il me faisait prendre un de ses chevaux. J'ai reconnu en peu de temps les énormes services que ces animaux rendaient à l'homme et je les ai pris en affection. Mon maître s'en étant aperçu me menait quelquefois avec lui lorsqu'il avait un peu besoin de moi et que ma besogne n'était pas trop pressante, et il arrivait très-souvent que lorsque je n'étais pas trop pressé de mon travail personnel, j'allais le trouver dans les champs à la culture et je labourais ou hersais avec lui, selon le travail qu'il faisait. Il a remarqué que j'y avais du goût, et, comme il me croyait assez intelligent, il me donnait assez souvent son fouet et ses cordeaux, et il me faisait suivre, à sa place, le travail qu'il était en train de faire, pendant qu'il se reposait un peu parce qu'il n'était pas d'une forte constitution.

Mars, 12. — Mon maître disposait la terre pour ensemencer, et, comme il y avait souvent des herbes à enlever dans les terres, aussitôt que je le pouvais, j'allais le trouver avec un panier pour mettre l'herbe que je ramassais afin de la porter aux bornes, ou contre un rideau, ou quelquefois dans des petites dégradations que les eaux de l'hiver faisaient, ou même les orages et fortes pluies d'été; et lorsqu'il y avait des dégradations dans les terres de mon maître, je déposais l'herbe que je ramassais dans le fond du courant de l'eau; je l'arrangeais convenablement pour que l'eau ne l'entrainât pas presqu'aussi haut que la surface de la terre. Lorsqu'il était possible, je tassais les mauvaises racines que je venais de placer avec mes pieds, et, lorsque la pente était forte, j'y mettais quelquefois deux ou trois petits piquets, afin de réparer le courant du petit ravin que l'eau avait creusé. Lorsque je ne pouvais trouver d'herbes, ou plutôt, comme on le dit en terme de culture, des tignons, je prenais ma bêche et j'allais chercher où je le pouvais des gazons ou, à défaut de gazons, je prenais de la paille que je liais comme de petites fascines. Je la mettais en travers du petit fossé; j'y enfonçais deux petits piquets; je les couvrais de terre en amont, et j'ai toujours réussi à empêcher les dégradations dans les champs de mon maître.

Tout en faisant ce travail, j'avais toujours soin de jeter un coup d'œil sur ce que mon maître faisait; je m'attachais à regarder dans ma pièce, en même temps que lui, de quel sens elle avait été labourée, comment il commençait à herser, s'il enterrait la herse profondément dans la terre, comment il faisait le long d'un rideau en dessus ou en dessous de la pièce, ce qu'il faisait pour traverser un petit ravin, ce qu'il faisait lorsqu'il approchait une borne, et ce qu'il faisait lorsqu'une pièce de terre attenante à la sienne était ensemencée; comment il s'y prenait pour herser la fourrière et pour traverser un petit ravin; ce qu'il faisait lorsqu'il y avait un chemin ou une place plus dure que l'autre dans les propriétés qu'il hersait; comment il faisait pour herser lorsqu'il hersait la même pièce la deuxième, troisième, ou quatrième fois, selon et comme la pièce de terre était située; comment il s'y prenait lorsqu'il y avait des roques ou de mauvaises herbes. J'examinais bien aussi quelle récolte on avait faite avant le premier labour; j'examinais si la terre avait été labourée plus d'une fois; j'avais soin de lui demander, lorsqu'il arrangeait une pièce de terre, et qu'il voulait y ensemencer, si c'était des fèves, lin, œillettes, bisailles, pommes de terre, ou toute autre chose, lorsqu'il hersait dans la sole dite de jachère; si c'était de la vesce, avoine, pamelle, et autres graines, lorsqu'il hersait dans les terres destinées à mettre des mars, (et celle des blés ne diffère pas de culture pour les diverses sortes de graines que l'on veut ensemencer au mois de septembre) ; enfin, tout ce que peut ensemencer un cultivateur, en ayant égard aux soles et aux saisons : ce à quoi il me répondait très-exactement. J'ai fait tous mes efforts pour retenir ces indications.

20 *Mars*. — Comme je viens de le faire comprendre, j'ai passé 10 jours sans bêcher, ni planter ; je me suis occupé avec mon maître, et de plus, à soigner une vache qui était très-malade ; et, malgré mon bas-âge, j'étais avec mon maître lorsque le vétérinaire ordonnait les remèdes qu'il fallait lui donner, j'écoutais attentivement cet artiste ; je faisais seul, aux heures indiquées, tout ce qui n'était pas au-dessus de mes forces. Je me levais trois ou quatre fois la nuit pour lui donner ce qui lui était nécessaire, et lorsque la couverture qu'on mettait sur elle pour lui maintenir de la chaleur était tombée ou déplacée, je la remettais à place, afin qu'outre les remèdes que le vétérinaire avait ordonnés, elle eût toujours bien chaud, et au bout de quelques jours elle a été parfaitement guérie.

Il était resté un peu de blé à battre et j'en ai battu pendant plusieurs jours avec le batteur qui m'a indiqué comment il fallait s'y prendre pour faire le travail dans l'intérêt de la maison et pour la nourriture des animaux domestiques. Il m'a aussi montré la manière de vanner le grain, tant au petit qu'au grand van, ce que j'ai facilement compris. Il m'a en même temps expliqué comme on battait tous les grains que l'on récolte ordinairement, je ne répéterai pas ses paroles, parce qu'une seule explication suffit, et il ne s'agit que de l'avoir vu faire une fois pour le savoir bien faire.

Mon maître voyant que plus je travaillais plus j'avais de goût et de courage pour le faire, et que j'avais trop de peine pour travailler avec les instruments des hommes formés me fit faire les instruments dont je pouvais avoir besoin, en proportion de ma force et de mon âge; et voici en partie le détail de ce qu'il m'a acheté et fait faire dans une seule semaine :

Un fourchet, un greuct, un battoir pour battre le blé, il m'a acheté une étrille et une brosse pour panser mes vaches. Il m'a fait faire un bon fouet, dont je ne me servais pour corriger mes vaches que lorsqu'il y avait une grande nécessité. Il m'a aussi acheté des instruments pour jardiner : une bêche, un plantoir, de la ficelle pour faire des fiches, deux binettes, une grande et une petite, un petit heurtoir plié pour les petites plantes, une brouette, une hotte, une pelle, un panier, et un couteau; enfin tout ce dont je pouvais avoir besoin. J'avais seul le droit de me servir de mes instruments ; j'avais un local pour les ranger, et j'avais une clef pour fermer la porte ; j'étais content avec ce petit mobilier, et je ne pouvais pas croire qu'il y eût quelqu'un plus heureux que moi. J'avais un tel soin de mes instruments qu'ils étaient tous très clairs; on n'y voyait aucune tâche de rouille.

Mars 25. — Mon maître se dispose à aller planter des pommes de terre, et ne voulant pas être en retard, je pars immédiatement pour exécuter le même travail, ce qui a exigé une demi-journée; j'ai, dans l'autre partie, coupé avec une autre personne des pommes de terre pour en planter environ 50 verges (21 ares 10 centiares.) Je pars le lendemain avec mon maître et un ouvrier pour planter des pommes de terre à la charrue; je ne m'étais pas encore occupé d'une semblable plantation. Je vois, après être arrivé dans la pièce avec la graine, mon maître tracer la pièce de toutes faces, et procéder de même dans le milieu. Je remarquais tous les pas qu'il faisait, mais je ne pouvais compren-

3.

dre à quoi aboutissait la trace du milieu. Il commença à labourer ; il me fit mettre des morceaux de pommes de terre dans le sillon que faisait la charrue, de 25 à 30 c.es de distance l'un de l'autre, jusqu'à ce que j'arrive à la trace jointe dans le milieu, ce que je fis exactement. Il emmena avec lui l'ouvrier qui me secondait jusqu'au bout de la pièce. Il lui dit, à son retour, d'en faire autant que moi, nous mettions toujours des pommes de terre tous deux. Je pensais qu'il y en avait chaque sillon ; c'est ce qui m'a occupé jusqu'à ce qu'elles aient été levées. Comme le travail était fait sous les yeux de mon maître et commandé par lui, je ne lui ai demandé aucune explication ; nous avons planté des pommes de terre de cette manière jusqu'à ce que notre pièce a été terminée.

27 *Mars.* —Aussitôt que les pommes de terre de mon maître ont été plantées, j'ai disposé dans le jardin un petit carré de terre pour planter des betteraves. La terre était sèche ; je lui ai donné un tour de grande binette pour en broyer la surface. Je lui ai ensuite donné un petit tour de rateau pour rendre la surface de la terre unie, sans pour cela la rendre trop en poussière. J'ai tendu ma ficelle, à laquelle j'avais fait des nœuds tous les 45 centimètres, sur un côté de mon carré de terre à ce destiné. J'ai poussé un grain de betterave au fond de chaque nœud avec mon pouce, dans la terre ; il se trouvait couvert de terre. J'ai continué ma ligne le long de ma ficelle ; j'ai changé mes jalons de 45 centimètres, et j'ai continué ma plantation jusqu'à ce que j'avais de terre à ce destiné soit planté.

Mars 30. — J'ai planté un beau parc de pois de la même manière que les premiers ; mais je ne les ai pas couverts de crottins de cheval, parce que les plus mauvais temps étaient passés, et qu'il n'y avait presque plus rien à craindre pour cette graine.

Avril 2. — J'ai semé un nouveau parc de carottes par ce que le premier que j'ai semé ne me paraissait pas suffisamment réussi, ni assez grand pour les besoins de la maison pendant l'été, et que celles qu'avait semées mon maître étaient trop éloignées pour en aller chercher pour les usages journaliers. J'ai mélangé, dans ma graine de carotte, un peu de graine de salade.

Avril 3. — J'ai disposé convenablement un petit carré de terre qui me restait pour redresser une ligne, et j'y ai semé quelques pincées de graine de radis gris, que j'ai ensuite enterrée avec mon râteau.

Avril 5. — J'ai disposé environ une demi verge de terre, et j'y ai semé de la graine de salade que j'ai enterrée de suite, et j'ai jeté dessus environ un boisseau de cendre de tourbe pour empêcher la vermine de la manger en levant.

Avril 8. — J'ai disposé un petit carré pour de l'oseille, afin d'en avoir pour en planter 42 centiares environ l'année suivante au retour de la saison, et je l'ai semée immédiatement.

Avril 12. — Arrivé au moment où on sème les avoines, j'étais désireux de voir comment le travail s'exécutait. Je voyais mon maître semer, labourer, et quelquefois herser. J'examinais toujours avec attention ce qu'il faisait, sans lui demander trop souvent des détails, afin de chercher à comprendre moi-même comment il fallait cultiver la terre. — Quelquefois il me montrait comment on travaillait la terre, et d'autres fois il me faisait conduire les chevaux en sa place, pendant qu'il se reposait. Je ne faisais jamais aucuns travaux sans chercher à m'en rendre compte.

Malgré tous les efforts que j'ai faits pour assister à la messe, j'en étais quelquefois empêché, à cause de la longueur du chemin que nous avions à faire pour assister aux

ollices, quelquefois à cause du mauvais temps. J'éprouvais
les mêmes difficultés pour aller au catéchisme, ce qui m'a
occasionné du retard à faire ma première communion ; et
c'est seulement à treize ans et quelques mois que je la fis,
malgré les égards qu'avait pour moi le prêtre, à cause de
ma position. Je fus obligé de passer dix jours dans une
demi-retraite, ce qui a retardé un peu la plantation que
j'avais à faire dans la terre que j'avais béchée.

Avril 24.—Ce n'est que ce jour que je pus reprendre les
travaux de mon jardinage. Il faisait très-beau temps, et
mon maître m'envoya biner la terre où je devais planter
mes haricots, parce qu'elle avait été béchée par mauvais
temps ; elle était très-dure ; je ne pus l'arranger avec ma
binette ; je fus obligé de la bécher de nouveau, ce qui
me coûta un jour et demi de temps, et près d'un demi-
jour que je passai à la disposer. J'avais un retard de deux
jours ; mais, comme il vaut mieux bien disposer sa terre
et semer ses plantes un peu plus tard, j'étais content du
travail que j'avais fait, parce que ma terre était parfaitement arrangée.

Avril 25. — J'ai tendu une ficelle le long de la rive de
mon parc. J'ai pris ma binette et j'ai fait un sillon bien droit
de trois à cinq centimètres de profondeur. J'ai placé mes
haricots le long du sillon à environ cinq centimètres
l'un de l'autre ; j'ai poussé immédiatement un peu de terre
sèche dessus, afin de ne couvrir la graine que le plus légè-
rement possible, parce que le haricot, malgré sa gros-
seur, est un grain qui ne veut pas être couvert ni enfoui
dans la terre. Cette opération terminée, j'ai changé ma
ficelle de vingt-six à vingt-huit centimètres, qui est la
distance nécessaire pour pouvoir les cultiver et y faire de
petites mottes, lorsque les haricots sont un peu levés

hors de terre. J'ai continué de planter tout le carré de cette manière. Je devais planter les haricots à rame le lendemain. Il a fait une petite pluie qui a duré deux jours. Comme c'est une graine qui se pourrit lorsqu'elle est plantée en temps de pluie, je n'ai pu continuer.

Avril 29. —J'ai été obligé de laisser sécher la terre un jour pour ne pas planter mes haricots dans une terre humide. Le lendemain il était dimanche; j'avais assez d'occupation à soigner mes vaches, à aller aux offices et au catéchisme: ce n'est que le 29 avril que j'ai pu m'occuper de planter mes haricots à rame. J'ai donc pris les haricots, mon heurtoir, et pour attendre que mon maître ait des rames, ce qu'il n'avait pas alors, je pris une bonne poignée de petits jalons pour tenir lieu de rames.

J'arrive dans le lieu où je devais les planter. Je commençai par mettre un petit jalon à vingt-quatre ou vingt-sept centimètres de la rive de la petite pièce, et je me mis à faire un petit rond autour de ce jalon. Quelle ne fut pas ma surprise, à mon premier coup de heurtoir, de voir que la terre, qui était humide quelques jours avant, se maniait comme de la cendre! et sans plus de remarque je posai mon heurtoir, et je fis avec ma main une forme en rond assez grande à la surface de la terre pour poser de huit à dix haricots sur un rond de douze à quinze centimètres de diamètre. Je plantais donc un second petit jalon à quarante centimètres du premier; je répétais la même chose jusqu'à ce que je fusse au bout du terrain à ce destiné. Je commençai une seconde ligne à quarante-trois centimètres carrés de distance et ainsi de suite jusqu'à ce que j'eusse planté autant de pieds de haricots que mon maître m'avait dit.

Mai 1.er — Mon terrain destiné au jardinage était à peu

3.

près ensemencé; les seigles grandissaient dans les blés; l'année était précoce; Il fallait ôter les seigles dans les blés trop forts et dans ceux destinés à la récolte suivante. Mon maître m'a indiqué la pièce qu'il fallait éseigler. Il m'a adjoint un petit voisin, à peu près de mon âge, un baudet qu'il m'a acheté, et nous avons marché plus de quinze jours avec notre baudet, qui rapportait tous les jours deux ou trois charges de seigle que nous allions cueillir dans les blés de mon maître, ce qui faisait bien à sa récolte. Nous nourrissions encore les vaches et le baudet.

Mai 15. — Il me restait un carré de terre à ensemencer dans mon jardin, malgré qu'il ait été un peu tard en saison j'y ai planté mes haricots à rames, de couleur, de la même manière que les premiers. J'ai préféré ceux de couleur aux blancs, parce qu'ils charmaient plus mes regards. On accorde souvent aux enfants courrageux quelques fantaisies ou quelques jouets, et c'est pour cela que mon maître ne s'est jamais opposé à la plantation. Je conservais toujours le carré de terre libre pour y mettre des choux. Ce travail terminé j'ai examiné de près tout mon jardinage que je n'avais pas eu le temps de bien voir depuis quinze jours et je me suis aperçu que les premières graines que j'avais semées ou plantées étaient en partie levées, et que d'autres commençaient à lever. Je me suis disposé à pourvoir dans un bref délai à leur plus pressant besoin, ce que j'ai fait de la manière que je vais indiquer.

Les pois que j'avais plantés en février, malgré tous les soins que j'avais apportés, n'ont levé que très-longtemps après, parce qu'ils ont été retardés par des gelées, de la neige, des temps très-froids et pluvieux Il y en avait cependant très-peu qui n'étaient pas levés et mon parc de pois était pour ainsi dire admirable et déjà assez levé pour

être ramé ; mais la quinzaine que j'avais passé à aller chercher du seigle pour les vaches était la seule cause de ce
retard. Mes oignons étaient aussi bien levés et étaient assez
beaux. Mes pommes de terre chaudes, mes carottes premières semées levaient aussi ; enfin je voyais que j'avais
semé ou planté de la bonne graine, et je pouvais espérer
du succès dans tout ce que j'avais fait. Il ne s'agissait plus
que de leur apporter les soins nécessaires, ce que je fis
aussitôt qu'il me le fut possible.

Je retournai à la ferme demander des rames a pied, il
n'y en avait pas encore de rentrées, et il n'en était resté
aucune de l'année précédente. Mon maître me dit qu'il avait
fait élaguer une haie dans le plant, et que je pourrais en
trouver. Je pris immédiatement une serpe, un petit rouleau
de bois, et j'allai dans le plant au petit ramier d'élagage, je
choisis des petites branches assez droites d'environ un mètre trente-trois centimètres de haut, un peu plus courtes
ou plus longues. J'en choisis à peu près ma charge ; je
les réunis, j'apporte mon petit morceau de bois et ma serpe
et j'aiguise toutes mes petites branches par le gros bout ; je
les mets et les lie en même temps avec mon lien ; je reporte
ma serpe et mon petit rouleau à la ferme, et je pars ensuite
avec ma charge de rames à mon parc de pois ; je prends
mes mesures pour faire les trois rangées qu'il fallait que je
fisse dans mon petit parc de pois ; je prends une des plus
belles rames ; je la pose au coin contre les pois, mais plutôt
en dehors qu'en dedans du parc ; j'en fais autant à l'autre
bout ; j'en mets dans le milieu et sur les côtés ; je leur serre
la tête l'une contre l'autre, et je continue ainsi de planter mes
rames de dix-huit à vingt centimètres de distance, en adap-
tant les plus petites dans la rangée du milieu et les mettant
dans les distances qui séparent les rames des deux rangées

de côté, afin de ne laisser aucun vide pour que mes pois puissent s'accrocher, et j'ai continué ainsi jusqu'à ce que mon parc de pois ait été ramé. Il m'est resté quelques rames que j'ai placées dans les endroits que j'ai cru le plus nécessaire.

J'ai sarclé mes oignons avec la pointe de mon couteau de la manière la plus parfaite, et j'ai enlevé toute l'herbe que j'avais cueillie; je l'ai déposée en un petit tas dans un des coins du jardin, où il n'y avait rien à endommager et j'ai pris aussitôt ma très-petite binette qui me servait de heurtoir et qui n'exige qu'une main pour travailler; j'ai gratté très-doucement toute la surface de la terre entre deux oignons, et où les oignons étaient trop près pour passer ma petite binette. Je me contentais d'égratigner un peu la terre où c'était possible; je laissai les oignons un peu trop drus; je les ai cueillis après, pour les besoins de la maison, et je n'ai cessé d'en tirer que lorsqu'ils ont été à dix-sept centimètres de distance; toute la culture que je leur ai donnée ne consistait qu'à empêcher l'herbe de pousser, et pour ne pas revenir sur cet article, je puis assurer que j'ai eu les plus beaux oignons du hameau et même plus beaux que l'on ait jamais vus.

Mai 17. — Le lendemain j'ai pris ma plus grande binette et j'ai biné mes pommes de terre les plus avancées; j'ai coupé l'herbe, où il y en avait; je l'ai bien ramassée par petits tas que j'ai portés dans une autre place sur un gros amas d'herbe; j'ai cassé toutes les roques, et j'ai commencé par donner un bon binage, j'ai eu soin de passer ma binette entre deux pieds de pommes de terre, en ayant soin de ne pas les couper, et, dans les places où je ne devais pas craindre d'en couper, j'enfonçais ma binette jusqu'au bas dans la terre; enfin je donnais un parfait labour à la terre.

J'ai sarclé mes carottes de la même manière que j'avais sarclé mes oignons, et je leur ai donné ensuite un tour de ma petite binette.

Le carré de terre destiné à planter des choux était presqu'en mauvais état de culture ; je poussais quelquefois dedans en rattelant la terre à côté des roques et j'y jettais même quelquefois de mauvaises herbes, ce qui le faisait paraître presque abandonné ; ne voulant pas plus longtemps le voir en pareil état, j'ai enlevé l'herbe qu'il y avait dedans, et avec ma grande binette je lui ai donné un labour complet, ce qui équivalait à un bêchage, et quelques jours après j'ai recommencé le même travail afin de pouvoir y planter des choux, que l'on appelle choux de Milan, ce qui eut lieu le vingt-cinq mai.

Mai 25.— Ma maîtresse a acheté cinq cents de ces choux, elle m'envoya les planter dans le terrain à ce destiné. Je pris mes choux, mon plantoir et ma ficelle pour dresser les lignes ; je tendis ma ficelle à environ quinze centimètres des autres parcs, qui étaient déjà ensemencés, et je plantai mes choux de la manière suivante :

Je fis mon premier trou avec mon plantoir à environ dix-sept centimètres de la rive de mon parc ; j'enfonçai mon chou dans la terre comme je l'ai fait pour mes choux dits de Dieppe, et je le serrai de la même manière. Je fis un autre trou pareil au premier, à cinquante centimètres de distance, et je le serrai comme je l'ai déjà dit, ce que j'ai fait pour tous les autres jusqu'au bout du parc ; je changeai mes jalons et ma ficelle de cinquante centimètres des deux bouts et je recommençai une autre rangée. Je perçai mon premier trou juste dans le milieu de la distance entre deux des choux que j'avais plantés à la rangée précédente, et je continuai ainsi jusqu'au bout de ma rangée. Je com-

mençai une troisième rangée en laissant le même intervalle ; je plantai mon premier chou comme à la première
rangée, et je continuai jusqu'au bout. Je plantai une
quatrième rangée à la même distance que la seconde, et,
ainsi de suite jusqu'à ce que j'ai eu planté mes choux.

Ce qui m'a le plus surpris, lorsque j'en ai eu planté
quelques rangées, c'est que je n'avais plus besoin ni de
ficelle, ni de mesure pour les distances entre deux choux,
ni pour les distances entre deux rangées. Les choux plantés me servaient d'indicateurs, je n'avais qu'à enfoncer
mon plantoir où deux lignes venaient se rapporter venant
d'un sens opposé ; ils venaient se fixer juste où je devais
planter mon chou, ce que fis, et j'ai gagné du temps. Il
en est de même pour tout ce que l'on plante et qui sort de
terre ; je ne répéterai donc point, quant à ce travail, les
détails que j'ai déjà donnés.

Mai 28. — Au moment où les minettes étaient bonnes à
donner aux vaches, je reçus l'ordre de ma maîtresse d'aller conduire tous les jours mes vaches dans les champs à la
minette, ce que je fis le lendemain. Je partis avec mes quatre vaches, deux veaux et une faux. Il est, je crois, inutile de dire qu'il ne fallut pas me recommander de prendre
le baudet et Phanor : c'est ce que j'ai eu soin de ne pas oublier. Je cheminai donc directement vers la pièce ; et quelques pas avant d'y arriver, je m'aperçus que j'avais oublié
mes étais pour attacher mes vaches, mes veaux et mon baudet
dans les champs. Mes vaches étaient fraîches, elles n'avaient
pas sorti des plants cette année. J'ai voulu couper des étais à
un buisson qui était près de moi, mes vaches, mes veaux et
mon baudet sont entrés dans les grains ; Phanor part après ;
il les disperse ; j'ai couru, tant pour arrêter Phanor dans sa
poursuite que pour les rattraper et les empêcher de man-

ger la récolte d'autrui. Je n'ai pas pu les rejoindre toutes.
Le garde-champêtre est venu m'aider ; mais chacun sait
de quelle manière, avec un beau procès-verbal ; je pleurais plus fort que lorsque j'ai eu le malheur de perdre mes
parents ; j'étais tellement échauffé que j'étais bleu de courir. Enfin, à force de peine et un peu d'aide, j'ai rejoint
la maison de mon maître avec le garde-champêtre mon ennemi ; il a raconté à mon maître et à ma maîtresse ce qui
venait de se passer. J'en ai eu pour cinq fr. d'amende que
mon maître a payés pour moi. Je commençai à me rassurer
un peu lorsque je me suis rappelé que j'avais posé ma faux
sur le bord d'un chemin pour courir après mes vaches. Je
pars immédiatement pour l'aller chercher ; elle n'y était
plus. Qu'on juge de la position Dans laquelle je me trouvais en ce moment. Il a cependant fallu retourner à la ferme
informer mon maître de ce troisième malheur. Je me jetai
à ses pieds en arrivant, et je lui fis part de la nouvelle
perte que je venais de faire. Il me releva et chercha à
me consoler plutôt que de me maltraiter ; mais je me suis
bien dit mille fois que je prendrais toutes les mesures
nécessaires pour ne plus rien oublier, car quel mal,
quelles peines, quels chagrins et quelle perte n'ai-je pas
eu pour quatre ou cinq mauvais morceaux de bois ? Le
premier jour que je sortais mes vaches dans les champs,
je me disais encore que je passerais pour un polisson, ce
qui me faisait autant de peine que le reste. Malgré toutes
mes peines, je repartis cependant après midi avec tout
mon petit troupeau, une faux, des étais et un marteau de
bois ; selon moi, c'était tout ce qu'il me fallait. J'arrive à
la pièce ; je frappe dans la terre mes étais ; je lie mes vaches, veaux et le baudet, je fauche, et je trouve que c'est
encore un métier très-difficile, surtout quand c'est de la forte

minette versée en tous sens , comme celle que je fauchai.
Cependant, à force de mal , j'en coupe pour toutes mes vaches : mais elles la mangeaient plus vite que je ne coupais.
Je coupe de nouveau , et , en peu de temps , voilà que je ne
puis plus faucher; je ne coupais plus que la moitié de la minette. Je ne savais à quoi cela tenait. Il passe un bon vieux
papa qui, s'apercevant du mal que j'avais, vient pour m'aider à en couper un peu. Il prend ma faux et coupe un peu de
minette, selon moi, il fauchait comme par enchantement ,
parce que je me croyais aussi fort que lui à toute autre chose. Il coupe; Il me dit que ma faux ne coupe plus; Il me
demande ma *queuche*, ma rifle et mon pot au sable pour ai-
guiser ma faux; je n'avais aucun de ces instruments. Il me
dit qu'il est impossible de faucher sans les avoir tous. Cependant à ma grande satisfaction, il m'en fauche assez pour
mes vaches. Aussitôt qu'elles ont eu mangé tout ce qu'il
m'avait coupé , je suis retourné à la ferme satisfait de voir
que mes bestiaux étaient bien , et de savoir ce qui me manquait. En rentrant à la ferme , je fis part à ma maîtresse de la
chance que j'avais eue , et de connaitre ensuite ce qui me
manquait pour le lendemain. Je mets de suite mes bestiaux
à place. J'allai comme de coutume traire les vaches; je coule
mon lait; j'en donne à Phanor ; je l'attache et je vais immédiatement chercher ma *queuche*, ma rifle et du sable ;
je soupe ensuite et je vais me coucher.

La nuit a été trop courte pour me reposer des fatigues de
la journée. Je me suis cependant levé de bon matin; j'ai trait
mes vaches et je suis reparti avec mon troupeau à la pièce
avec ce qui me manquait la veille ; j'avais une *queuche*,
une rifle , du sable ; mais je n'avais pas d'eau dans mon
pot. J'ai cependant fait du mieux que j'ai pu pour mouiller mon sable, et j'ai pu faire couper un peu mon dard.

Je suis parvenu, non sans peine, à rassasier mes vaches, et je suis retourné à la ferme. J'ai fait ma besogne accoutumée, dont je ne répéterai plus le détail, je repars après midi avec de l'eau dans mon pot au sable; je fauche et je donne à manger à mes vaches; je recommence à faucher et j'attrape un cailloux avec ma faux; j'ébrêche la lame et je lui rebrousse le taillant dans une assez grande étendue; je ne puis plus faucher du tout. Il y avait près de moi un petit cultivateur du hameau qui savait faucher; je le prie de venir me renseigner, ce qu'il fait. Il me dit que ma faux est ébréchée, et qu'il est nécessaire de la battre; que je lui donne mon enclume et mon marteau et qu'il l'arrangera. Je n'en avais pas. Il fait du mieux qu'il peut avec la *queuche* et la rifle; il la fait couper. Il m'a fauché un peu de minette, ce qui m'a procuré la faculté d'en donner à mes vaches autant qu'il en fallait. — Je suis retourné à la ferme, et l'après midi, j'ai reconduit mes vaches à la minette; le lendemain j'ai été assez heureux; il ne m'est rien arrivé d'extraordinaire, et en soupant chez mon maître, je lui ai fait part des nouvelles aventures qui m'étaient advenues depuis le voyage que j'avais tant couru et que j'avais eu la visite du garde champêtre. J'ai même dit que j'avais perdu ma faux, et il y avait un étranger chez mon maître qui a dit avoir connaissance qu'un de ses voisins en avait trouvé une à peu près dans le canton que je lui ai dit l'avoir laissée. Il l'a envoyée à mon maître le lendemain matin, ce qui m'a fait un sensible plaisir. J'oubliais de dire que j'avais causé un peu dans cette soirée, et que m'étant plaint que m'a faux ne coupait pas. Le moissonneur qui y était s'est engagé à la faire couper et à m'apprendre à le faire ce qui m'a satisfait et c'est ce qu'il a exécuté; j'ai été assez heureux à la suite.

Je continuais toujours d'aller conduire mes vaches, veaux

4.

et baudet, et Phanor qui m'accompagnait. La minette mûrissait : j'arrive un beau matin à la pièce; les moissonneurs y étaient qui fauchaient. Je n'avais qu'à donner de la minette coupée à mes vaches, ce que je fis. Je n'ai cependant pas pu m'empêcher de chercher à faucher un peu lorsque les moissonneurs ont déjeuné, parcequ'il me semblait que leur faux allait mieux que la mienne. Je commence à faucher; je fauche un peu, et selon moi, le travail se faisait beaucoup mieux qu'avec ma faux. Cependant un des moissonneurs me dit : tu as trop de mal; tu émoustille trop fort et tu coupes trop avec la pointe de ta faux, appuie sur le talon, ce que j'ai cherché à faire; je ne réussissais pas; il me dit : lève ta pointe comme si tu ne voulais point qu'elle coupât, et tu verras que ta faux passera mieux. Je levai la pointe; j'appuyai sur le talon; je n'émoustillai pas trop fort, et la faux passait comme dans du beurre. J'ai bien observé, pendant quelque temps tout ce que le moissonneur m'avait dit, et je suis devenu très bon faucheur, parce que je me faisais souvent renseigner sur la manière de faire couper ma faux. Il me disait qu'il fallait chercher à avoir un bon battement, et que, pour que sa faux coupe bien, il fallait la battre souvent et à petits coups; qu'on devait éviter de lui faire des dents de scies et avoir soin de ne frapper que sur le taillant, afin de ne pas la débander; qu'aussitôt qu'il y avait une petite brèche, il fallait la refaire de suite avec son marteau et son enclume, et éviter de lui couper le taillant avec la *queuche* et la rifle; qu'il fallait que ces deux instruments, lorsque l'on aiguisait la faux avec, frottent dans presque toute sa largeur, et que c'était dans la manière de faire couper sa faux qu'était le talent du faucheur plutôt que dans sa force. Il m'a dit vrai, et je ne l'ai jamais oublié.

Aout 15. — Je venais de passer quelque temps sans qu'il

me soit arrivé aucun accident. J'avais conduit mes vaches, après la minette au trèfle et de là dans ma pièce de vesce semée en jachère.

J'ai toujours eu soin de bien nourrir mes vaches, de les étriller et secouer convenablement tous les jours au matin. Elles étaient les plus belles du hameau, et elles donnaient bien plus de lait que les autres, ce à quoi je tenais le plus. Mes veaux étaient très beaux et mon baudet aussi. Un jour où le temps était très beau, je m'amusais avec un vacher du hameau. Pendant ce temps, un de mes veaux s'est écarté des vaches, le vacher, qui était avec moi, envoie son chien après pour le ramener avec mes vaches; mais il n'était pas aussi bien dressé que le mien. Au lieu de faire rentrer le veau dans la pièce où mes vaches étaient, il l'a chassé dans les avoines à côté, et il l'a poursuivi bien loin. Je dis à mon camarade de soigner mes vaches pendant que j'irais le chercher, il me le promit. Je pars avec Phanor après mon veau; je fais tous mes efforts pour le ramener; mais, étant égaré de son chemin ainsi que des vaches, il courait dans les avoines à corps perdu, j'ai été plus d'une heure à le rattraper; je le ramenai où j'avais quitté mes vaches, mon camarade était reparti; il avait entendu sonner midi, il a laissé mes vaches seules; elles ont suivi les siennes un peu après; je les ai retrouvées dans une pièce d'avoine, avec le propriétaire qui y était et qui les chassait, sans s'inquiéter où elles allaient. Il me fit quelques reproches; mais, voyant que j'avais été rechercher un veau, j'en fus quitte pour cela. Néanmoins je me suis dit que je ne m'amuserais plus jamais avec mes camarades dans les champs lorsque j'aurais des vaches, ce que j'ai maintenu, et j'ai été ensuite quinze jours sans qu'il me soit arrivé rien de fâcheux.

Vers le 1.er septembre je gardais les vaches dans une pièce d'éteuille de seigle où il y avait du jeune trèfle qui était assez grand. Voilà tout à coup mes vaches qui s'enflent ; je ne connaissais pas trop les conséquences de cette nouvelle mauvaise affaire. Mon maître était à labourer près de moi ; je l'appelle ; il me dit que les vaches sont enflées, qu'il faut les reconduire à la ferme et qu'elles peuvent en mourir. Mon maître me suit ; je me mets à pleurer. Il veut me consoler ; impossible. Je retourne doucement à la ferme, et un peu avant d'arriver, il n'y en avait plus qu'une d'enflée ; elle s'enflait toujours de plus en plus.

J'arrive à la ferme avec mon maître. Il lui met un sac sur le dos et il envoie chercher le maréchal. Il jette de l'eau fraîche sur la vache pendant assez longtemps, et elle ne se désenflait pas. Le maréchal arrive ; il dit qu'il faut la crever ou qu'elle va tomber et mourir ; il la crève. Je me mets à pleurer de toutes mes forces ; j'étais inconsolable ; je perdais ma plus belle vache. Enfin on fait le nécessaire à la vache ; le maréchal ordonne ce qu'il faut lui faire ; je l'écoute ; il dit qu'il ne faut presque pas lui donner à manger, seulement un peu de gerbées pour qu'elle puisse s'amuser, et de bien laver la plaie qu'il venait de lui faire deux ou trois fois par jour et y mettre de l'eau-de-vie camphrée, ou, à défaut, du vinaigre ; il ajoute qu'on doit la tenir couverte et la laisser seule dans une étable, ce qui a été fait. Le maréchal est entré dans la ferme, et il a dit ce qui occasionnait cette maladie. Il dit de plus qu'il était facile d'éviter ce fâcheux inconvénient en faisant tomber le gaz qui se dépose sur le trèfle ou sur toutes autres plantes fourragères. Lorsque je suis reparti avec mes vaches, j'ai pris une petite perche et, arrivé à la pièce, j'ai abattu le gaz devant mes vaches ; elle ne se sont plus enflées. Ce moyen,

quoique bon , me donnait beaucoup de travail et de maï ;
j'ai inventé un autre moyen : j'ai pris une grosse perche
assez droite de cinq mètres de long et un long bout de
cordeau ; je l'ai liée avec les deux bouts de ma corde
au moyen de deux trous que j'y ai faits au bout. J'ai
avancé à quatre ou cinq mètres avant avec ma corde
que j'ai coupée à cette longueur ; ma corde et ma perche
étaient en forme de herse ; j'y ai mis un petit bâton au bout
de l'angle , et , chaque fois que j'arrivais dans ma pièce de
trèfle , minette , luzerne ou sainfoin , je passais mon ploutoir où je voulais faire paître mes vaches : elles ne se sont
plus jamais enflées et c'est ce que je faisais encore jusque
vers le 15 octobre ou c'est qu'il aurait fait des petites gelées.
J'ai eu en même temps tellement de soin de celle qui avait
été crevée qu'au bout de dix jours on était certain qu'elle
se guérirait.

Je commençais à me trouver un peu gai , parce que ma
vache allait très bien. Mon maître va arracher une voiture
de pommes de terre chaudes vers le 20 septembre. Il en
laisse une voiture dans un tombereau sous une remise ; je
vais le lendemain délier mes vaches pour les conduire dans
les champs. J'avais oublié de prendre mon dîner , parce que
je ne partais plus qu'à neuf heures du matin. Je laisse mes
vaches un instant seules dans la cour. Il y en a eu une qui
a senti les pommes de terre , elle va au tombereau, elle en
mange , elle en prend une petite qu'elle ne croque pas avec
ses dents ; elle s'engorge avec , on cherche à la lui faire
avaler , impossible ; et il faut la tuer pour ne pas la perdre
entièrement , et mon maître n'a pas retiré la moitié de la
valeur de la vente de la viande et des autres choses qu'il a
vendues. La perte de la vache n'était pas très importante.
Mais comment remplacer cette vache qui était si bonne ?

4.

Je me suis dit que je ne les quitterai ou ne laisserai plus jamais seules ; que j'irai plutôt sans manger ; que je ne les perdrai jamais de vue. La perte était faite ; il n'y avait pas aucun remède autre que de prendre des mesures pour l'avenir, ce que j'ai fait.

Je continuais toujours à garder les vaches. La perte que mon maître venait d'éprouver, avait diminué de beaucoup mon petit troupeau ; mais, vers le 10 octobre, mon maître a acheté une vache assez belle, et j'ai commencé à être un peu plus gai : je ne voyais plus le malheur aussi grand à mes yeux, et celle qui était à l'étable allait très-bien, ce qui faisait diminuer de beaucoup mes chagrins.

Il faisait souvent de mauvais temps ; je ne pouvais plus conduire mes vaches tous les jours dans les champs ; je les menais tantôt dans les champs et tantôt dans les plants ; elles restaient quelquefois le long du jour à l'étable, à cause du mauvais temps ; enfin, vers le 5 novembre, il a fait si mauvais que je n'ai pas pu continuer à les sortir plus longtemps, parce que l'herbe qu'elles mangeaient était à moitié pourrie et toujours mouillée, ce qui pouvait les rendre malades. Ma maîtresse me dit de ne plus les sortir et de les soigner à l'étable, ce que j'ai fait.

Novembre 5. — Je ne sortais plus les vaches ; il leur fallait un régime pour l'hiver. Ma maîtresse me dit que je devais leur donner tous les jours, en me levant, de cinq à six heures du matin, deux bottes de foin de seconde coupe, pendant que je disposerais le breuvage et que je mettrais plein la chaudière d'eau ; que je couperais plein une grande manne de betteraves, qui étaient à ce destinée, que je mettrais dans la chaudière, que j'emplirais ensuite, un picotin de tourteaux, qu'elle m'a aussi donnés ;

pour me servir de gouverne, que je ferais bien bouillir tout ensemble ; que, pendant que l'eau bouillirait, j'irais traire les vaches, et qu'aussitôt je les sortirais pour les faire boire pendant que je ferais la litière, et aussitôt que la litière serait faite, et que j'aurais suffisamment replacé de la paille, je rentrerais mes vaches, je leur donnerais de la paille de blé ou d'avoine à manger, et que j'irais ensuite faire sortir les poules et leur donner à manger, et que je retournerais aussitôt à l'étable de mes vaches ; que je les étrillerais bien ; que je les brosserais, secouerais ou frotterais avec de la paille. J'allais ensuite déjeuner. Après déjeuner, à dix heures, j'allais battre jusqu'à midi, de l'avoine, et j'en battais souvent deux dizeaux. J'en battais la moitié sans lier ; aussitôt qu'elle était bien battue, je prenais une grande fourchette de bois, je secouais bien ma paille, et je la liais. Je n'avais quelquefois que huit à neuf bottes de paille ou quelquefois encore moins de mon dizeau d'avoine. Je prenais ensuite mon râteau ; je râtelais bien toute la longue paille que je poussais dans un coin de la grange. Je recommençais à râteler de nouveau et un peu plus fort, afin d'enlever les fanes de la paille et même un peu de courte paille. Je poussais immédiatement l'avoine contre un mur ou contre l'avoine déjà poussée ; je reprenais ensuite mon râteau ; j'allais reprendre ce que j'avais poussé de grain et de longue paille derrière moi ; je remuais partout avant l'aire de la grange, afin de ne pas laisser de grains d'avoine dans la paille ou de n'en laisser que le moins possible ; je poussais de nouveau l'avoine qui était sortie de la paille sur le tas ; je disposais une demi-botte de paille de râtelure d'avoine, ou la moitié de ce que j'avais ; je la mettais sur un lien ; je l'élargissais un peu, et je prenais la moitié de ce que j'avais, tant de fane que de courte paille ; que je déposais sur ma longue râtelière ; j'envelop-pais bien ma courte paille avec ma longue, que je liais avec précaution ; j'en faisais autant à l'autre botte ; je rebattais un nouveau dizeau d'avoine de la même manière ; j'avais quatre petits traitins que je portais à mes vaches, et en-suite j'allais dîner ; il était quelquefois plus d'une heure d'après-midi.

Je ne dois pas oublier de dire que j'ai béché un beau carré de terre. Un peu avant cette époque, j'ai arraché la plus belle oseille qu'il y avait dans tous les jardinages de mon maître ; j'en ai planté un beau parquet comme je plantais mes choux ; mais je ne laissais que vingt-deux à vingt-quatre centimètres d'intervalle ; j'avais très-bien arrangé la terre ; elle a poussé, l'année suivante, comme si elle n'avait pas été déplantée.

Je trayais quelquefois les vaches, pendant l'hiver, trois fois par jour, à cinq ou six heures du matin, à midi et à six heures du soir, et quelquefois même un peu plus tard.

Vers les deux à trois heures, lorsque les soins que je devais apporter à mes vaches étaient terminés, je travail-lais un peu dans l'intérieur de la maison ou dans la cour, selon ce que mon maître ou ma maîtresse me comman-daient. A trois heures, je commençais un nouveau breu-vage à mes vaches ; un peu plus tard je les trayais, je leur donnais de la paille souvent à discrétion ; je coulais mon lait ; je fermais les poules ; j'apportais du bois ou autre chose dans la cuisine, pour le besoin de la soirée ; je fai-sais cuire des pommes de terre pour les porcs ; et, lorsque ma besogne était entièrement terminée, je m'amusais à lire pendant une heure ou, quelquefois, j'écrivais un peu, pendant le même temps, sous la dictée de mon maître, qui se plaisait assez à m'aider à avoir un peu d'éducation.

Je crois devoir dire en passant que je battais quelquefois du blé que j'avais soin d'arranger de la même manière que l'avoine, sauf cependant que je ne secouais pas la paille de blé après être battue comme je faisais pour la paille d'avoine; je secouais la paille de blé dans mes mains, sans trop la mêler ; je mettais les pieds de la paille le plus juste qu'il m'était possible ; je la liais ensuite, et à chaque battée je l'arrangeais dans l'intérêt de mon maître et celui de mes vaches. Lorsque je trouvais trois ou quatre bonnes gerbées avec de la bonne herbe de trèfle ou de la lentille dans le cul des gerbées; je les rangeais pour donner à mes vaches les dimanches ou les jours que je ne battais pas. Ces jours-là j'avais soin que ma besogne fût faite pour l'heure des offices, afin de pouvoir y assister; et lorsque je ne pouvais le faire, je récitais la messe et les vêpres à la ferme. Je passais là trois ou quatre mois d'hiver en partie occupé de cette manière, et si mon maître ou ma maîtresse me commandaient quelque chose d'extraordinaire qui m'ait empêché de faire ma besogne, je le faisais toujours avec beaucoup d'activité. Je demandais toujours, en entrant, si mes vaches avaient été bien soignées, et s'il ne leur manquait rien. Lorsque l'on me répondait qu'elles étaient bien, j'allais les voir sous prétexte qu'il y avait longtemps que je ne les avais pas vues; mais c'était pour m'en assurer.

Mars 1.er—J'attendais les beaux jours pour recommencer les travaux de jardinage, comme je l'ai fait l'année dernière. J'ai suivi en partie ce que j'avais fait pour la main-d'œuvre; j'ai varié un peu la quantité de semence, quoique j'ai assez bien réussi dans mes pois chauds ; j'y ai mis un peu plus de semence et j'ai épuré un peu plus mon grain, parce que, dans cette saison principalement, il faut toute graine de première qualité. J'ai mis mes pois dans une petite manne ; j'ai pris deux autres petites mannes, je me suis assis ; j'ai mis mes deux petites mannes vides à côté de moi, et celle où il y avait des grains je l'ai mise sur mes genoux. J'ai pris une quinzaine de grains dans la main, j'en ai ôté les plus mauvais ; je les ai réunis pour m'assurer si ceux qui restaient étaient bons ; j'ai continué ainsi jusqu'à ce que j'aie eu épuré assez de grains pour planter mon parc de pois, et c'est ce que j'ai fait pour les autres et les haricots.

Les oignons que j'ai semés l'année précédente ont parfaitement réussi ; je n'ai pas eu le temps de les cueillir, ma maîtresse les a fait cueillir par un homme peu entendu et peu courageux. Il ne les a pas fait sécher avant de les mettre au grenier, et la plupart ont été gâtés ; je vais en semer dans un parc à côté de celui de l'année dernière, afin de ne pas trop fatiguer la terre que j'ai bien fumé l'hiver, et lorsque j'avais le temps j'y conduisais de l'urine des vaches que je prenais dans le réservoir de l'écurie ; j'espère qu'ils viendront encore aussi beaux, mais j'aurai soin, lorsqu'on les cueillera, si je ne puis le faire, de bien recommander qu'on les fasse sécher avant de les mettre au grenier, afin qu'ils ne se gâtent plus.

Je ne semai que peu de carottes aussi de bonne heure que l'année dernière ; j'ai attendu quelques jours plus tard parce qu'elles se sont mangées un peu à cause des temps froids qui sont survenus aussitôt qu'elles ont été levées.

Les pommes de terre chaudes sont très-bien venues ; je les ai encore plantées à la même époque ; il y a lieu de croire qu'on peut les planter en ce moment pour en avoir de bonne heure ; je prendrai encore mieux mes mesures pour les couper parce qu'il en a manqué quelques pieds ; je crois que c'est parce qu'il n'y avait pas d'œillets dans les morceaux, qu'elles ont manqué, ou que j'ai coupé les germillons en les coupant trop fin, je serai certain cette fois si c'est à moi la faute ou au temps qu'il fera.

Vers le deux mars, un fermier voisin de mon maître, avec qui il avait eu quelques différents, me fit appeler pour me demander ce que je gagnais; je lui ai répondu que mon maître me payait selon et comme il le jugeait convenable et que j'étais satisfait; il m'a offert un prix supérieur à ce que mon maître me donnait: j'ai refusé; il en a fait autant à un des autres domestiques qui était dans le hameau; il a accepté, il est entré chez lui et il y était si maltraité qu'il a été obligé de sortir au bout d'un mois, il n'a pas même été payé pendant ce temps; il en est entré un dans son ancienne place, et, malgré le moment des travaux, il est resté trois mois sans place, vivant comme un vagabond.

Mars 15. — J'ai planté mes choux dit de Dieppe comme je l'avais fait l'année précédente, parce qu'ils ont très-bien réussi.

L'habitude du travail m'a maintenu les mains très-dures, et je n'ai eu aucune souffrance cette année ni des mains, ni des bras, ni des épaules: j'ai seulement souffert un peu des reins, ce qui n'a duré que quelques jours, et je poursuivai avec beaucoup plus d'activité les travaux que je l'avais fait l'année précédente; je faisais, en dehors de ces travaux, bien plus de travail de ce qu'il y avait à faire à la ferme, j'économisais bien des journées d'ouvrier à mon maître, et je lui évitais bien du mal.

Je plantai mes betteraves comme je l'avais fait l'année précédente, parce qu'elles ont très-bien réussi; le grain de betterave porte souvent plusieurs germillons, et il m'a été facile d'en prendre pour remplacer ceux qui avaient manqué. On en a encore donné à des personnes qui ont voulu en replanter, parce que la betterave reprend facilement. Il vaut cependant encore mieux replanter des grains, lorsque l'on s'aperçoit que les betteraves ne lèvent pas, parce que, malgré le retard, elles viennent toujours mieux.

Mars 25. — J'ai planté, comme l'année précédente, un parc de pois ; j'ai eu soin l'hiver d'y mettre une bonne couche de fumier parce qu'ils ne sont pas venus trop grands ; je les avais plantés dans une place où il n'y avait pas eu beaucoup de fumier, et, n'en connaissant pas les conséquences, je n'en avais pas transporté en bêchant cette place.

Les carottes que j'avais semées l'année précédente quoiqu'elles fussent très-près l'une de l'autre ont bien produit, parce que ma maîtresse prenait toujours les plus grosses, pour les besoins de la maison, ce qui a donné la facilité aux plus petites de grossir, et j'ai eu soin de mettre un peu plus de fumier dans la place où je devais en semer cette année là, parce qu'il faut beaucoup d'engrais à une terre qui produit beaucoup et longtemps, c'est-à-dire quand elle donne de la végétation le long de l'année et que le produit est dans la terre.

J'ai semé un petit parc de radis, comme je l'avais fait l'année précédente ; j'avais assez bien réussi, quoique l'on n'y ait pas apporté beaucoup de soin, parce que le cultivateur ne s'occupe pas assez sérieusement de ce qu'il sème par goût.

Avril 10. — Ce n'est que le 10 avril que j'ai été avec mon maître, planter des pommes de terre, il avait voulu fumer une pièce de terre en hiver, et il fallait passer dans les trèfles, il a profité des gelées et de la neige pour le faire, sa pièce de terre où il voulait planter des pommes de terre était sur le bord d'un chemin ; il ne l'a fumée que les premiers jours d'avril, ce n'est que le dix qu'il les a plantées à la charrue, nous les avons mises dans les sillons comme l'année précédente ; elles avaient bien réussi, il faut avouer que le temps leur avait été très-favorable : c'est ce qui a donné lieu de croire qu'elles avaient été convenablement fumées, placées et cultivées.

Le douze avril, comme on le fait souvent dans nos contrées, mon maître a commencé à semer les avoines et il n'a continué que jusqu'au premier beau temps, il a fallu qu'il sème ses lins, il n'était venu que quelques beaux jours pour semer les œillettes et un peu de lin ; je n'ai pas pu aller souvent avec lui parce qu'il est survenu un excédant de travail à la ferme qu'il a fallu faire. Le beau temps étant arrivé, il a préféré semer son lin plutôt que son avoine ; je l'ai aidé à conduire les chevaux lorsqu'il ne pouvait pas se dispenser de moi ; chaque fois que j'étais avec lui et que je m'apercevais qu'il pouvait conduire seul les chevaux, j'en profitais pour ramasser l'herbe, je bêchais un coin ou le long d'un rideau, ce qui n'avait pu être labouré, ou je comblais un petit ruisseau avec l'herbe que je ramassais, en ayant soin de bien examiner tout ce qu'il faisait et de la manière qu'il le faisait, parce que, quoi qu'aimant bien mes vaches, j'avais déjà plus de goût pour conduire les chevaux, j'ai donc continué d'aller avec mon maître le plus que je le pouvais jusqu'à ce que la semaille ait été terminée et ce n'est que vers le vingt-huit avril que j'ai pu reprendre les travaux à faire dans mon jardinage ; il faut dire que je l'ai trouvé assez bien, parce que ma maîtresse voyant l'empressement que j'apportais à seconder mon maître, avait pris un homme de journée, qui avait planté les haricots à pied et de la même manière que je l'avais fait l'année précédente ; je n'ai donc plus eu que les haricots à

5.

rame à planter : c'est ce que j'ai fait, par du temps sec ; il
m'en est resté quelques pieds que j'ai plantés deux ou trois
jours après dans un temps pluvieux : tous mes haricots ont
pourri, il n'en est pas levé quatre grains, je me garderai
bien, à l'avenir, d'en planter, à moins que la terre ne soit
sèche et qu'il ne fasse du beau temps.

Nous étions au quinze mai, lorsque les travaux ont été
terminés, j'ai ramé les pois que j'avais plantés en dernier
lieu ainsi que les haricots ; j'ai sarclé et biné mes oignons :
j'ai fait le même travail à mes carottes jusqu'au vingt mai.

Au vingt mai le trèfle anglais était bon à donner aux
vaches, ma maîtresse, m'y a envoyé avec toutes mes vaches, je lui ai demandé la permission de prendre le beaudet
et Phanor, ce quelle m'a accordée, j'ai pris en outre tout
ce qui m'était nécessaire pour lier mes vaches et leur couper
à manger ; je pars avec mes bestiaux et mes ustensiles je
ne suis pas sorti de la cour que les vaches, les veaux et le
baudet se mettent en fuite, et fort heureux selon moi que
j'avais Phanor qui les suivait de près ; je fais en sorte de
les rattraper, j'y réussis et je les conduisis à ma pièce qui
n'était pas éloignée. Il faut vous dire, comme le disent les
vachers, que personne n'en pouvait plus, ni moi, ni Phanor,
ni le baudet, ni les vaches, ni les veaux, personne n'aurait
plus fait cent pas de plus ; mon premier soin fut de caresser
Phanor pour le remercier des services qu'il venait de me
rendre ; quelques minutes après, je frappais mes étais dans
la terre ; je lie tout mon petit troupeau, et je coupe du
trèfle ; je ne fauchais pas encore très-bien, mais, en comparaison de l'année dernière, je disais que c'était bien, et
je ne me décourageais pas : je donne donc à manger à mes
bestiaux et à les voir commencer à manger, je pensais
qu'ils auraient mangé tout ce qu'il y avait dans la pièce ;

je fauche assez passablement et voilà tout-à-coup mon
troupeau qui arrête de manger; il n'avait pas mangé la
moitié de ce que j'avais coupé, je fus donc obligé de reconduire mon petit troupeau à la ferme, et je dis à ma
maîtresse ce qui s'était passé et, de plus, qu'il y avait
bien la moitié du trèfle que j'avais coupé de resté; elle me
dit de l'aller chercher, ce que je fis, mais les courses
que j'avais faites le matin pour rattraper mes vaches, veaux
et le baudet, m'avaient fatigué, et quand j'en ai eu porté
deux ou trois bottes, je n'en pouvais plus, je me trouvais
donc comme le malade qui a besoin d'un médecin, je n'é-
tais pas malade, je n'étais que fatigué. Le baudet pouvait
me guérir et m'empêcher d'être malade à l'avenir. J'ai réfléchi sur cela, et il me vient dans l'idée que mon baudet
étant fort il pourrait bien conduire une petite charrette.
Aussitôt que je fus de retour à la ferme, je fis part de mon
projet à mon maître en lui disant que si j'avais une petite
charrette à baudet je pourrais aller chercher du fourrage
pour les moutons, les chevaux, lorsqu'il voudrait leur en
donner, et pour les vaches dans l'étable; que lorsqu'il
aurait besoin de moi, ou qu'il faudrait aller jardiner,
je pourrais mettre les vaches dans le plant et aller
chercher ma petite voiture de fourrage; qu'indépendamment de l'utilité que mes projets annonçaient et les avantages qu'ils présentaient pour la maison, ma maîtresse
pourrait se servir de la voiture pour faire divers voyages
aux marchés de Doullens et autres; je fus accueilli dans ma
demande. Aussitôt mon maître a commandé une petite voiture très-légère pour le baudet, laquelle a été faite en peu
de temps. Je me suis toujours occupé très-activement du
soin de mes vaches; je faisais en outre beaucoup de com-
missions pour la ferme; j'aidais de plus ma maîtresse dans

ce qu'elle avait besoin que je fisse à la ferme. Elle avait toujours soin de ne rien me commander qui soit au-dessus de mes forces; j'étais bien nourri; je grandissais et le travail ne m'épouvantait pas.

Au bout de quinze jours, la voiture et les harnais étaient faits; je réalisai ce que j'avais promis à mon maître. Je charriais du fourrage pour tous les bestiaux de la ferme avec mon baudet que je soignais bien et que je dressais convenablement. Il ne se trouvait jamais trop fatigué de ce nouveau service. Il n'était cependant plus aussi gai, parcequ'il avait un peu plus de mal; néanmoins il allait toujours très bien. J'étais même glorieux d'avoir cet équipage ; je dressais mon baudet ; lorsque je voulais l'atteler , je lui disais: viens, il venait. Lorsque je voulais le mettre dans les limons; je les soulevais à la hauteur qu'ils devaient être; je lui disais, recule; je l'ai tiré un peu par la bride pour lui faire comprendre ce que je lui disais; il reculait; j'enfilais les limons dans la dossière; je mettais les guides; j'accrochais le reculement aux limons, la sous-ventre et je l'attelais ; je montais en voiture ; je lui disais : *va* ou *allez* ; il partait aussitôt. Lorsqu'il l'oubliait, ou qu'il paraissait ne pas comprendre, je lui donnais un petit coup de fouet pour l'apprendre à écouter ce que je lui disais et à être plus actif ; il allait. Lorsque je voulais le faire aller à droite, je lui disais: *à droite*, en tirant un peu la guide; j'en faisais autant lorsque je voulais le faire aller à gauche. Lorsque je voulais le faire aller vite , je disais deux ou trois fois : *allez , allez* ; et lorsqu'il n'allait pas un peu plus vite je lui donnais encore un petit coup de fouet. Lorsque je montais une côte étant chargé , que je craignais de rester, je lui disais un peu haut: *allons, allons, courage* ; et, s'il n'allait pas, le fouet était encore là. Lorsque je descendais une côte ou que je passais un ruisseau, je lui disais : *tout doux*, en lui tenant la bride un peu serrée. Lorsqu'il me semblait qu'il m'avait compris et qu'il avait exécuté ce que je venais de lui commander, je lui donnais un morceau de pain ou autre chose, lorsque je le pouvais en le flattant un peu, et je m'apercevais qu'il était satisfait. Au bout de quinze jours, mon baudet exécutait déjà plus des trois quarts de ce que je lui apprenais. Il est vrai que tout en m'occupant du soin de mes vaches et de ce qu'il y avait à faire, tant dans le jardin que dans la ferme, je charriais tous les jours un peu avec mon baudet.

Le 30 juin vers le soir je pars pour aller au fourrage. Un de mes camarades entend ma voiture passer en face de chez lui; il sort et vient avec moi. Il monte en voiture avec un fouet qu'il avait. Il claque et toujours un peu sur mon baudet qui n'était pas habitué à entendre continuellement ce bruit. Il marchait très vite et voulait courir. Je tenais les guides; mais, craignant de les casser, je n'osais pas arrêter court. Mon camarade riait et claquait toujours. Il va même jusqu'à fouetter mon baudet quoique je le lui aie défendu. Je ne pouvais l'empêcher, parce que j'avais assez de besogne à tenir mon baudet. Tout-à-coup une guide casse; je n'en tenais plus qu'une; le baudet marche de côté; une roue monte sur le rideau; la voiture verse, et nous voilà tous deux par terre. Mon camarade se relève et s'enfuit malgré le mal qu'il a de sa chûte; me voilà resté seul avec mon baudet, et ma voiture sur leur côté. Je ne pus dételer le baudet, ni relever la voiture. Mon maître arrive, revenant des champs avec ses chevaux; il me traite de polisson; il me dit que j'ai fait courir son baudet; que je le créverai ou que je le tuerai, s'il me le laisse, et qu'il ne me le donnera plus. Je pleurais de me voir ainsi menacé, de voir mon pauvre baudet comme s'il eût été mort, ma voiture renversée. Pendant ce temps mon maître

5.

décrochait les traits et la sous-ventrière, il ôte la boucle de la sous-ventre, attire le baudet par la queue et par les oreilles, parvient à l'ôter des limons, redresse la voiture et rattelle le baudet. Il s'aperçoit que la guide est cassée et qu'elle ne peut s'être cassée que parceque j'ai fait le polisson et que j'ai fait courir son baudet, à force de coups de fouet. Il prend aussitôt mon fouet et m'en donne quelques bons coups sur les jambes ; j'avais beau lui dire que c'était mon camarade qui l'avait fait courir ; il ne le croyait pas ; il ne m'écoutait pas, et il frappait toujours. Enfin, pour mieux me punir, il prend son baudet, me laisse la voiture, et me dit de ne pas rentrer à la ferme sans la voiture et du fourrage ; Il part.

Me voilà donc bien embarrassé. Comment mener la voiture seul quoiqu'elle fut légère et vide ? Ce n'était encore rien : le chemin était beau, et il n'y avait pas bien loin ; mais comment revenir à charge me disais-je ? Et d'un autre côté, comment quitter un si bon maître qui m'achète tout ce que je veux ? Comment quitter ma maîtresse qui est si bonne pour moi, et qui me donne tout ce qu'elle a ? Comment quitter mes vaches et mes veaux, sans oublier Phanor, et laisser là ma voiture ? Comment quitter un si bon baudet qui allait si bien, qui apprenait tout ce que je voulais mieux qu'un enfant ? Je dois cependant bien m'être rappelé les leçons que j'ai données à mon baudet, de lui avoir fait faire une voiture, et parce qu'il avait couru, me voilà donc en sa place ; ou plutôt, parce que j'ai fait monter mon camarade avec moi dans la voiture et qu'il a fouetté le baudet, et fait verser la voiture, me voilà disgracié. Mon maître a raison ; voilà que je suis obligé de prendre la place du baudet, de charrier moi-même : c'est un scandale et je ne sais pas si mon maître me pardonnera. Comme je disais ces mots, mon camarade, qui avait vu, étant derrière une

haie, tout ce qui s'était passé, arrive et vient s'offrir à
m'aider à aller chercher du fourrage ; j'accepte et nous partons. Nous arrivons à la pièce : je fauche. Il jette ce que
je fauche dans la voiture, et lorsque nous en avons eu mis
à peu près notre charge, nous sommes partis. En sortant
de la pièce, nous marchions assez rondement, mais nous
avions environ cent pas à faire dans du labouré, nous ne
pouvions pas faire dix pas sans nous arrêter pour reprendre
haleine ; enfin nous arrivons dans le chemin, nous marchons
un peu mieux, mais quel mal ! J'aurais bien voulu tenir
mon baudet pour dix minutes ; je me disais : je m'en souviendrai toute ma vie, car quel mal ces pauvres animaux n'ont-ils pas pour traîner des poids énormes ! Et
lorsqu'ils tombent dans un trou et qu'ils ne peuvent pas
arracher la double charge qu'on leur met, malgré leur
courage, on les assomme de coups ; oui, me suis-je dit,
plus de cent fois : va, mon cher baudet, c'est une leçon
qui nous sera utile à tous deux, parce que si j'ai le bonheur
que mon maître ne me mette pas à la porte, j'aurai soin
de bien te conduire à l'avenir. Enfin, à force de mal, de
peine et de courage, nous arrivons aux premières maisons
du hameau. Ma maîtresse, à qui mon maître avait compté
l'aventure, venait voir si je revenais. Aussitôt que je suis
arrivé à elle, je lui ai demandé pardon en lui disant que je
ne serais plus polisson ; que toutes les fautes ne venaient
pas de moi, que c'était mon camarade. Elle m'a répondu
qu'une autre fois j'irais seul avec le baudet, et qu'il
n'était pas certain que mon maître me le pardonnerait, ce
qui m'a fait de la peine. Lorsqu'elle m'eût vu dans un état
aussi fâcheux, en sueur et en pleurs, elle m'a dit qu'elle
ferait auprès de mon maître ce qu'elle pourrait pour
moi. Nous avons rejoint la ferme, j'ai mis mon fourrage

et mes vaches à place, et je suis allé coucher sans souper.

Le lendemain de cette aventure, mon maître arrive de bon matin à mon lit, il me parle de ce qui s'était passé la veille, et, en m'habillant, je lui ai expliqué comment tout s'était passé. Lorsqu'il a eu compris que ce n'était pas entièrement ma faute, que c'était parce que j'avais un camarade avec moi ; vu le mal que nous avions eu tous deux, il m'a pardonné, en me défendant de ne plus jamais mener personne dans ma voiture, ce que je lui ai bien promis. Je suis aussitôt allé porter mes guides à réparer au bourrelier, et j'ai repris ma besogne comme à l'ordinaire. J'ai continué de conduire mes vaches au trèfle, jusqu'à ce que la vesce qu'avait semée mon maître eût été bonne à faire du fourrage, et je commençai à en donner vers la fin de juillet. J'ai été jusqu'au 25 août toujours en soignant mes vaches et allant chercher du fourrage pour les besoins de la ferme avec mon baudet qui allait très-bien, qui comprenait tout ce que je lui disais et qui obéissait avec beaucoup d'activité, parce que je le nourrissais bien, que je le pansais aussi bien que mes vaches tous les jours au matin.

Je suis allé, pour la première fois, conduire les vaches le 25 août dans une éteuille, où il y avait du jeune trèfle. J'ai pris mon ploutoir pour abattre tout ce qui était nuisible dessus, afin que mes vaches ne s'enflent plus, ce que je faisais avec beaucoup d'activité et de précaution et même avec goût, parce que c'est toujours lorsqu'il fait sec qu'il faut faire ce travail, il n'y a pas autant de danger lorsqu'il pleut. Je continuai ce travail en conduisant mes vaches jusque vers le 10 septembre sans qu'il me soit arrivé rien de fâcheux. Un beau jour, encore désagréable pour moi, tout en faisant mon travail très exactement, j'entends d'autres vachers qui crient : au lièvre ! au lièvre ! et qui couraient après. Je vois le lièvre venir vers moi, je le montre à *Phanor* qui le poursuit de très près, je pensais même qu'il allait l'attraper. Le lièvre entre dans un carré de vesce, il se cache, je cours avec les autres vachers pour l'attraper ; vu que j'avais l'espoir de l'avoir plutôt qu'un autre, parce que mon chien courait aussi fort que lui. Je cherche avec les autres pendant quelque temps, et je ne retrouve pas le lièvre ; je vois au contraire un homme qui courait du côté de mes vaches, et un des vachers qui étaient avec moi à chercher après le lièvre me dit qu'il croit que c'est le garde-champêtre. Je cours vers mes vaches en pensant que je les avais laissées seules ; elles s'en seront aperçues, me disais-je, elles seront allées manger un beau parquet de choux qu'il y avait à côté. Voilà tout courant que je sens mon cœur battre de plus en plus fort et ma figure venir comme celle d'un trépassé ; j'arrive près de mes vaches et du garde-champêtre tout essouflé, et il me dit : au nom de la loi je te déclare procès-verbal, viens petit polisson que je te fasse voir le délit que tes vaches ont fait pendant que tu étais à abîmer une pièce de vesce, pourquoi je te déclare un autre procès-verbal, parce que ton maître est civilement responsable de celui-ci ; quant à celui de la vesce tu paieras de ta peau, parce que je te ferai aller en prison. Je laisse à juger dans quelle position je me trouvais, parce qu'il m'est impossible de la dépeindre.

Le 25 juin j'ai manqué de tuer mon baudet ; j'ai brisé les harnais. Je promis à mon maître de prendre toutes les précautions nécessaires pour ne plus tomber dans aucune faute, ni qu'il ne m'arrivât aucun accident, et voilà que deux mois après je commets une nouvelle incartade. Pendant que je faisais toutes ces réflexions, le garde-champêtre comptait les choux que mes vaches avaient mangés ; et de sa plus forte voix, avec des yeux qui étincelaient en me regardant, il crie : soixante choux de mangés ! Je me jette à terre de désespoir. Il arrive vers moi ; qui est ton maître, coquin, me dit-il ? J'étais tellement en sanglots et hors de moi-même que je ne pus lui répondre. Il me dit de nouveau : dis moi ton nom, et qui est ton maître ou j'emmène tes vaches. Il m'a été facile de m'apercevoir que le garde-champêtre n'était pas piteux, parce qu'il aurait emmené mes vaches, si une personne qui est arrivée ne lui avait pas dit : c'est le vacher de M. un tel, en citant le nom de mon maître ; allez le prévenir, reprit-il, et le propriétaire des choux, ils viendront constater le dommage ; s'ils s'arrangent, ils vous paieront votre amende. Il dit de suite : je ferai toujours un procès à ce gueux-là pour la vesce qu'il a abîmée avec son chien pendant que les vaches mangeaient les choux.

Je laisse à penser dans quelle position je me trouvais de nouveau, mais bien pis que je ne l'avais jamais été. Le mal aggravait toujours ma fâcheuse position ; partir et laisser mes vaches, je m'exposais à ce que l'affaire pour les choux ne s'arrangeât pas. Du reste, j'étais sûr, quant au procès-verbal pour la vesce, qu'il ne s'arrangerait pas, si je me sauvais. Il était donc certain que je serais allé en prison. Enfin, mal pour mal, je me déterminai à reconduire mes vaches en tremblant ; il y avait sujet. J'arrive à la ferme, le garde-champêtre y était déjà avec le propriétaire des choux qui était un parfait honnête homme. On paie le garde-champêtre pour l'amende des choux ; mon maître et le propriétaire des choux conviennent qu'il sera fait remise de la moitié de la quantité des choux que mes vaches avaient endommagés pour dommage, et que l'affaire serait ainsi arrangée.

Le propriétaire des choux n'a pas taxé à un taux bien élevé l'amende à donner par mon maître au garde-champêtre, et ce dernier fut très-contrarié. Il dit à l'instant à mon maître : ce n'est pas tout ; il reste le procès de votre vacher à régler pour avoir abimé la vesce d'un propriétaire du village voisin ; c'est un homme qui n'est pas facile ; je crois qu'il me forcera à lui faire un procès ; il faut que je lui fasse ma déclaration aujourd'hui. Le propriétaire des choux, qui était encore présent, cherche à arranger l'affaire, en disant à mon maître que ce ne serait pas un honneur pour lui que son vacher ait un procès, quoiqu'il ne soit pas responsable. Mon maître, qui était encore indisposé contre moi, à cause des choux et de l'amende, ne voulut pas consentir à payer un seul sou pour moi. Le garde-champêtre dit qu'il ne fera aucun arrangement à moins de trois francs. Mon maître a cependant offert un franc cinquante centimes. Enfin il offre deux francs, et il dit qu'il ne donnera pas plus. Le garde-champêtre, qui était encore courroucé de ne pas avoir eu ce qu'il attendait de l'affaire des choux, se tenait toujours à trois francs ; il allait partir faire son rapport ; je me suis jeté à ses pieds et à ceux de mon maître en pleurant, en leur demandant pardon et en leur offrant ma casquette. Ils ont pris pitié de moi ; mais pour bien me punir, ils ont pris ma casquette qu'ils ont donnée à un petit vacher d'un des voisins qui n'en avait pas. Le garde-champêtre est parti aussitôt avec les deux amendes auxquelles mon maître avait été condamné, à cause de moi. Il devait en plus restituer les choux. Il me donna aussitôt l'ordre de faire mon paquet et de partir de suite, ce à quoi il a fallu que j'obéisse.

Il est inutile que je cherche à dépeindre la pénible position dans laquelle je me trouvais ; personne ne peut dou-

ter qu'elle était affreuse pour moi ; je me trouvais, en sortant
de la maison de mon maître, sans savoir où aller, ni ce
que j'allais devenir à l'approche de l'hiver où personne ne
prend plus de petits domestiques comme moi. Je songeais
que j'étais dans une bonne maison, où j'avais tout ce que
je voulais, que mon maître venait même au devant de
ce qui me faisait plaisir, lorsque j'étais bien sage, et que
j'avais l'avantage d'être dans la meilleure maison du canton, parce que mon maître et ma maîtresse étaient connus
pour savoir récompenser le service et le mérite, comment
me présenter dans une autre ferme pour solliciter du travail ? On allait de suite me demander d'où je venais. Il
fallait le dire ou mentir ; et, si le mensonge se reconnaissait, on me mettrait de nouveau à la porte. J'étais
sur ces réflexions, lorsque mon maître me dit : Il faut
partir. Je savais que malgré qu'il ait été très-bon pour
moi, il ne fallait cependant pas user toute sa patience.
Enfin, je pars en pleurant et en sanglottant ; je n'avais
pas traversé le premier plant, que je me rappelle que je
n'ai pas fait mes adieux à mes vaches que j'aimais tant ;
je fais en sorte d'arriver dans l'écurie par une petite porte
de derrière, afin de ne pas être vu, et je vais leur faire
mes adieux en les embrassant toutes l'une après l'autre.
Je le faisais en pleurant comme j'embrassais maman lorsqu'elle est morte. J'avais bien raison de le faire, parce
que c'étaient elles qui m'avaient nourri et habillé depuis
que j'avais eu le malheur de perdre mes parents ; elles me
servaient donc de mère depuis ce jour fatal. Je me détermine à les quitter, et je vais aussi faire mes adieux à
mon baudet. Je fus bien surpris d'y trouver Phanor que je
n'avais pas vu depuis que j'étais dans le malheur. Il m'avait
quitté lorsqu'il avait vu son maître mal disposé contre

moi. Phanor saute à moi; il me lèche; il semble me regarder en pitié me voyant aussi triste. Je m'approche du
baudet; je l'embrasse en lui disant que j'allais le quitter.
Je te quitte, lui dis-je, toi qui m'étais si utile et qui m'é-
pargnais tant de mal, qui me donnais tant de satisfaction
lorsque je voyageais avec toi; toi qui allais si bien, et qui
étais jaloux d'aller le premier lorsque je marchais avec un
camarade qui en avait un comme toi! Il est vrai qu'en
revanche je te soignais bien, je te nourrissais bien, je
t'étrillais bien et je ne te battais pas; toi que j'ai si bien
dressé à aller à la voiture et qui comprends tout ce que je
te dis! Mon chien, ce fidèle Phanor, qui écoutait tout ce
que je disais à mon baudet, s'ennuyait que ce n'était pas
son tour; il saute à moi, et je lui dis : ô mon ami fidèle
qui m'a rendu tant de services! toi qui comprenais, au
moyen d'un seul signe, tout ce que je voulais te commander,
et qui obéissais d'un si bon cœur, qui faisais tout ce que
tu pouvais pour exécuter entièrement tout ce que je te
disais de faire; toi qui cherchais à me consoler lorsque tu
me voyais inquiet; enfin, toi qui étais ce que tu es encore,
mon ami; il faut que je te quitte; il faut que je vous quitte
tous deux! Mon défaut de précaution et mon libertinage
en sont seuls la cause; oui, je vous quitte! En ce moment je pleurais tellement et j'étais dans un tel chagrin,
que mon chien en avait les larmes aux yeux. Enfin, il faut
que je parte, et je leur dis, pour derniers adieux : vous
allez peut-être avoir un autre maître qui vous maltraitera,
qui ne vous soignera plus, qui ne vous donnera plus à
manger; et moi je vais à l'aventure; je ne trouverai peut-
être pas de pain, pas de place, pas d'habits; mes habits
pourriront, et peut-être que si le Ciel ne prend pitié de
moi, que je me trouverai, avant que l'hiver, qui appro-

6.

che, soit passé, jelé dans la plaine, et que je te trouverai, toi, mon cher baudet, abattu sous le poids de ta charge, abattu dans un trou à cause du défaut de soin et de nourriture que mon successeur t'aura donné! Et toi, mon ami Phanor, je crains aussi pour toi; je crains que celui qui va me remplacer en amène un autre, et ne te nourrisse plus; qu'il ne fasse que te maltraiter; je crains, dis-je, de te trouver, dans le courant de cet hiver qui approche, en revenant de mendier, couvert de mauvais haillons, couché dans la neige, à côté du baudet que tu es habitué de suivre, maigre, ayant faim, et grelottant de froid! Plaise à Dieu que les choses n'arrivent pas ainsi; parce que si elles arrivent, je te mettrai avec moi sur le baudet, et nous mourrons tous trois ensemble! En prononçant ces mots, je me suis dit que j'en serais seul la cause, et je suis parti en sanglottant.

CHAPITRE II.

Mes prévisions ne se sont que trop réalisées. Je suis parti sans en donner avis à mon tuteur, parce que je craignais ses reproches. J'ai voyagé pendant huit jours en me mendiant sans trouver de travail. Je couchais sur la paille ou contre une meule de grains. Au bout de huit jours, j'ai trouvé une place de vacher dans une ferme retirée du côté d'Abbeville. J'avais une très grande quantité de vaches à soigner et à nettoyer, ce qui triplait ma besogne. Je n'avais plus ce bon lait à manger le matin, ou cette bonne soupe lorsque j'étais pour partir avec les vaches ; je n'avais plus un bon morceau de beurre comme ma maîtresse me donnait avant d'aller dans les champs, avec quelques petites prunes, poires ou autres fruits selon la saison. Si je rentrais, on me faisait travailler comme un cheval, et il fallait cependant repartir dans les champs avec toutes mes vaches. Lorsque j'étais pour partir le matin, on me donnait du pain sec ; le soir je n'avais que la soupe, et on m'envoyait coucher de suite. Lorsque j'allais traire les vaches, ce qui n'était qu'extraordinaire, c'était toujours avec une vieille domestique qui ne voulait pas me donner un peu de lait à manger. C'est là que je regrettais la maison de mon premier maître ; je n'avais plus le droit à la table ; j'étais mal couché, je ne pouvais plus causer avec les autres des travaux de la journée ; enfin, pour être bref, j'étais un véritable esclave ; je l'étais d'autant plus que je n'avais aucune satisfaction ; je n'avais plus là mon baudet ni Phanor.

Je passai six semaines dans cette maison. Je ne puis croire qu'un an en enfer me semblerait aussi long. Je sortis dans les premiers jours d'octobre et je demandai quelques sous pour faire ma route. On ne m'a donné qu'un morceau de pain comme un homme qui se mendie. Je suis parti sans dire adieu à personne, parce que, depuis que j'étais dans cette maison, personne ne m'avait encore parlé à moins que ce n'eût été pour me commander quelque chose.

J'ai marché pendant quelques jours en me mendiant, sans savoir où j'allais, en cherchant une place sans en trouver. Au bout de huit jours j'en ai trouvé une du côté de Frévent, ou je suis encore entré, comme vacher et sans conditions aucunes. J'étais encore heureux d'être placé à cette époque. Les vaches ne sortaient plus que pour une fois ; on me faisait lever tous les jours à cinq heures du matin pour battre avec un ouvrier qui venait battre au boisseau, et il donnait un boisseau de blé de son gagnage à notre maître pour le travail que je faisais chaque semaine. Qu'on juge du travail qu'il me faisait faire pendant quatre heures qu'il me tenait tous les jours dans la grange! A neuf heures on me donnait un peu de mauvaise soupe et un peu de pain pour ma collation. Je n'en avais pas la moitié de ce qu'il me fallait, et en m'envoyant garder les vaches tantôt dans les champs, tantôt dans les plants. Lorsque j'allais dans les plants, je montais sur les pommiers ou autres arbres à fruits pour avoir quelques fruits pour me rassasier. Je continuais à travailler et à garder mes vaches pendant vingt jours dans cette maison où j'étais encore bien plus mal que dans celle que je venais de quitter. Je travaillai jusqu'au premier novembre jour où étant épuisé de toutes forces, je tombai malade, ma maladie dura quatre ou cinq jours, parce que le manque d'aliment et la fatigue en étaient seuls la cause. J'étais quelquefois douze heures entières sans voir personne, et malgré le peu de soins que l'on apportait à me garder, je parvins à me lever au bout de quatre ou cinq jours ; je pouvais aller au feu de la cuisine. Il vint un médecin appelé pour quelqu'un de la maison de mon maître. Il prit ma position en pitié; il m'examina ; il dit ensuite à mon maître que ma maladie était causée par la faiblesse et la fatigue; qu'il fallait me soigner. Il ordonna ce qu'il fallait me donner, ce qui a été à peu près exécuté. Au bout de quatre ou cinq jours je me suis senti en état de marcher. Je fis part à mon maître de mes intentions de partir. Il ne s'y opposa pas. Je pris mes habits qui n'étaient plus que de mauvais haillons, je remerciai mon maître des soins qu'il avait eus de moi pendant ma maladie et je pris la route de Doullens. Je n'étais pas à six cents pas de Frévent qu'il commençait à tomber de la neige, et si un brave voiturier n'avait eu compassion de moi, et ne m'eut mis dans sa voiture, je serais mort sur la route, ce jour là, parce qu'il a fait un temps épouvantable jusqu'à deux heures du soir. Nous ne sommes arrivés à Doullens qu'à une heure, j'ai donc été une heure à Doullens à me reposer et à me réchauffer dans une auberge, je me trouvais donc encore une fois dans la plus malheureuse position du monde. L'hospitalité qu'on me donnait ne pouvait pas durer longtemps;

j'étais sans le sou et sans habits; je ne pouvais pas vendre ce que j'avais, à cause de la rigueur du temps qu'il faisait déjà; il fallait pourtant me déterminer à prendre un chemin; je n'en voyais que des mauvais; je me disais comment retourner au hameau dans un pareil état? Comment aller retrouver un maître après l'avoir autant disgracié? Comment aller trouver mon tuteur que j'ai indisposé contre moi par ma conduite et que j'ai offensé en quittant le pays sans le prévenir, ni lui écrire depuis? Je me trouvais donc exposé à mourir dans les champs ou contre un buisson. Comment d'ailleurs voyager pour aller rejoindre ceux qui m'ont si bien élevé et que je n'ai fait qu'offenser? Je faisais ces méditations lorsque mon tuteur entre dans l'auberge où j'étais, je vois qu'il jette un regard sur ceux qui étaient dans la maison. Il me regarde en même temps et ne s'occupe pas de moi; je ne savais que penser; je me disais : Est-ce qu'il me gronderait au point de ne pas me parler en me voyant dans une telle position? Est-ce qu'il ne me prendra pas en pitié étant dans cette misère, ou est-ce qu'il ne me reconnaît pas? Serais-je donc changé à ce point? Pendant le temps que j'ai mis à ces réflexions, il prenait ses effets, il allait partir; je n'avais plus une minute à le voir; il fallait prendre un parti à l'instant même. Comme je le dis je me suis jeté à ses genoux, en lui demandant pardon et en l'appelant mon tuteur et oncle. Il m'a regardé à deux fois. Il me reconnaît, il me dit : mais malheureux, c'est toi, c'est donc toi mon neveu dans un pareil état! Il me relève aussitôt et m'embrasse, il me demande comment je suis ici dans un pareil état. Je lui conte mes aventures; il me demande si je n'ai pas besoin de quelque chose; je lui réponds que si, que je mangerais bien un morceau avec plaisir. Il fait aussitôt disposer à dîner pour deux et nous dînons ensemble. Personne ne doit douter de la joie que j'éprouvais en me voyant ainsi retrouvé au moment où, quelques instants avant, je me voyais exposé à mourir le même jour de misère. Mon oncle s'assied à une table assez bien garnie. Il me fit asseoir avec lui et me sert la soupe. Je n'ai pas été remis d'un instant que je lui ai demandé comment se portaient mon maître et ma maitresse ; et comment tout allait à la ferme, il m'a répondu en ces termes :

« Aussitôt après toutes tes polissonneries et ta désertion
» de la ferme, ton maître est tombé malade et il a été gra-
» vement attaqué ; il est même encore malade. Il est entré
» à la place un jeune garçon qui était encore plus libertin
» que toi lorsqu'il est entré. Il a profité que ton ancien
» maître était malade, que sa femme et sa demoiselle, qui
» est revenue de pension, étaient dans la peine et qu'ils
» ne pouvaient le surveiller, pour abîmer tout ce qu'ils
» avaient et maltraiter tous leurs bestiaux. Au lieu de con-
» duire les vaches, le veau et le baudet d'une manière
» convenable, il les a menés dans d'autres troupeaux de
» vaches, qui étaient conduits où il n'y avait presque rien
» à manger, il conduisait après tous les autres vachers du
» village avec lui dans les pâtures de ton maître. Pendant
» que mon oncle me disait cela, je me suis rappelé du
» garde-champêtre ; j'ai interrompu mon oncle pour lui
» dire : et le garde-champêtre n'a rien dit ? Il m'a répondu :
» il est malade ! et a continué : en peu de temps, tout ce
» que ton maître avait pour ses vaches a été ravagé ; le
» baudet servait de monture à tous les vachers, au lieu de
» le laisser paître dans les champs avec les vaches. Les
» vachers montaient dessus tour à tour, ou quelquefois
» deux ou trois à la fois ; ils l'abîmaient. Le chien que tu
» aimais tant était obligé d'obéir à tous ces polissons, qui,

» au lieu de lui donner à manger , le meurtrissaient de
» coups; les vaches que ta maîtresse pensait bien nourries
» dans les champs ne mangeaient rien ; les soins qu'elle
» devait donner à son mari lui faisaient employer tout son
» temps ; l'inquiétude qu'elle avait de le voir aussi souf-
» frant lui faisait oublier tous les soins qu'elle devait don-
» ner à ses vaches ; enfin tous les bestiaux que tu soignais
» sont dans un état déplorable à ne plus pouvoir en re-
» connaître un seul , ils sont même dans une plus triste
» position que toi. J'ai vu le vacher, en venant, qui allait,
»   m'a-t-il dit, chercher un sac de pommes de terre dans un
»   village voisin avec le baudet et la voiture. Cette pauvre
» bête ne pouvait plus se traîner, il le meurtrissait de coups.
» Je ne sais pas trop , me dit-il, si ce n'est pas le chagrin
» que tu as causé à ton maître par ton départ qui le rend
» plus malade avec les travaux que tu faisais , qu'il était
» obligé de faire en plus, parce que celui qui t'a remplacé
» était incapable de faire quelque chose de bien. Tu sais
» que ton maître n'aimait pas à renvoyer ses domestiques,
» qu'il ne le faisait qu'à la rigueur , tu dois le savoir par toi,
» ce n'est qu'à force que tu lui as manqué s'il l'a fait ; je
» ne sais même pas trop si le chagrin qu'il a eu de toi , en
» voyant qu'il n'en entendait plus parler , ne sachant plus
» ce que tu étais devenu, n'y a pas contribué beaucoup,
» car tu sais combien il t'aimait. »

Que ceux qui ont connaissance de ce que mon maître et
ma maîtresse faisaient pour moi , se mettent à ma place et
qu'ils jugent dans quelle position je me trouvais en entendant mon oncle me raconter toutes les mauvaises suites
dont j'étais le seul auteur ; par mon libertinage j'exposais
mon maître à mourir de chagrin et de fatigue ; il avait déjà
contracté une grande et dangereuse maladie, et je donnais ,

par la même occasion, des chagrins et des fatigues sans nombre à ma maîtresse. Je faisais travailler une jeune demoiselle qui devait être en pension, je mettais une ferme à l'abandon par le défaut d'ensemencement et de culture en temps, et même de la rentrée des récoltes qui avaient souffert, j'exposais mon maître à perdre un beau troupeau de vaches ; j'ai laissé aussi mes deux amis, mon âne et mon chien, dans les mains d'un polisson qui n'a fait que les maltraiter ; je me suis mis à la mendicité, j'ai été malade, exposé à en mourir, je le suis encore, et mon libertinage est la seule cause de tous ces maux. Oh ! Dieu de miséricorde, pardonnez-moi, et permettez que ce soit le dernier jour que mon bon maître, ma maîtresse et leur demoiselle soient dans le malheur, et permettez en même temps qu'ils me pardonnent à cause de tous les chagrins que je leur ai causés par mon inconduite ! Ordonnez, mon Dieu, que ce soit aujourd'hui leur dernier jour de malheur ; que rien de ce qui leur appartient ne périsse ; je ferai à mon arrivée chez eux tous mes efforts pour réparer tous les dommages que je leur ai causés ; oh ! Dieu et père des orphelins, exaucez ma prière ?

Aussitôt après ces réflexions et la prière que j'ai adressée à Dieu du fond du cœur, j'ai senti ma force et mon courage renaître ; mon oncle est venu me dire que la voiture était prête et qu'il fallait partir. J'en attendais le moment et nous partons par un chemin de traverse. Nous n'avons pas plutôt marché une demi-heure que nous voyons quelque chose assez loin devant nous dans le chemin, nous en approchons : c'était une petite voiture à baudet. Je frémissais avant d'arriver selon ce que m'avait dit mon oncle en dînant. Quoique faible, je descends le premier de la voiture ; je cours pour voir ce que c'était : c'était ma

voiture, et tellement sale, que je ne pus la reconnaître,
parce qu'elle était tombée dans la boue. Nous faisons, mon
oncle et moi, tout ce qu'il y avait à faire pour ôter le baudet de la voiture, et, aussitôt qu'il a été libre, il s'est
redressé ; je n'ai pu le reconnaître qu'à une arrachure qu'il
avait eue à l'oreille dans sa jeunesse, je n'ai pu m'empêcher de l'embrasser en pleurant. Mon oncle me dit de l'aider
à attacher ma voiture à la sienne pour la reconduire ; que
je lui ferais ce qui lui était nécessaire lorsque nous serions
rentrés dans le hameau. Je lie le baudet derrière la voiture et nous nous disposons à partir. Au même instant je
vois un vilain animal remuer au pied d'un arbre à côté de
nous ; j'avance, mon oncle s'en aperçoit et me dit : c'est
Phanor. En le voyant ainsi, les larmes coulaient comme
par torrent de mes yeux. Mon oncle me dit de monter en
voiture ; j'y mis le chien avant moi et nous partons. Je ne
chercherai pas à expliquer la peine et la joie que j'éprouvais en même temps en retrouvant ainsi mes deux amis.
Lorsque nous avons eu fait quelques pas, nous avons rencontré, selon ce que m'a dit mon oncle, le vacher de mon
ancien maître qui revenait bien gai de chercher des hommes
pour l'aider à redresser son baudet et sa voiture. Mon
oncle a continué sa route sans s'inquiéter de ce que pouvait dire ou faire le vacher en emmenant le baudet, la
voiture et le chien. Peu de temps après, nous arrivons au
hameau, où j'avais goûté toute la satisfaction que l'on peut
avoir à mon âge, pendant un certain laps de temps, et où,
depuis que je l'avais quitté, j'avais éprouvé tant de
malheurs. Malgré la ferme résolution que j'avais de réparer le mal que j'avais fait, comment oser me présenter ?
C'est ce qui m'inquiétait à un très haut point ; mais la
prière que j'avais faite à Dieu du fond de mon cœur m'a en-

couragé ; je me suis dit qu'il fallait se plaindre à un malheureux pour être écouté, que mon maître et ma maîtresse étaient dans le malheur ; que j'allais m'humilier
devant eux, en leur demandant pardon du mal que je
leur avais fait et de celui que je leur avais occasionné par
mon inconduite, en leur offrant mes services pour le réparer ; que je les connaissais généreux et que j'espérais être
pardonné.

J'arrive à la ferme avec mon oncle, la voiture, le baudet
et Phanor. Mon oncle explique à mon maître et à ma maîtresse toutes les aventures de son voyage ; ils demandent
immédiatement où je suis. Ils m'appellent ; j'avance vers
eux ; je me jette à leurs pieds, en leur demandant pardon ; ils me relèvent en me disant qu'ils me pardonnent ;
je les en remercie. Je me suis aussitôt retiré dans la cuisine
avec mon oncle, en pensant à tous les malheurs que j'a-
vais causés et à la honte que j'éprouvais d'arriver dans un
pareil état chez des maîtres à qui j'étais si cher. Si j'étais
assez capable de bien exprimer la position dans laquelle
je me trouvais sous le toit et avec les personnes auprès
desquelles, après la douloureuse perte que j'avais faite de
mes parents, j'avais goûté des jours si tranquilles, je
prouverais qu'il n'y avait pas un seul mortel plus heureux
que je l'étais en ce moment. Je me contenterai de dire
que je n'ai pas eu un jour depuis cette perte inexplicable
où j'aie goûté un si vrai bonheur. La jeune demoiselle de
mon maître, qui était sortie pour affaire dans le hameau,
lorsque nous sommes arrivés, est rentrée et s'est con-
tentée de me faire quelques reproches en me demandant
si je recommencerais ; je lui ai répondu que la leçon
était trop forte pour que je ne m'en souvienne pas
toute ma vie, et que je lui promettais que je ferais tout

ce qui dépendrait de moi pour ne plus tomber dans aucune faute. Je suis parti immédiatement voir les vaches qui étaient très-maigres. J'ai fait la litière ; je leur ai donné à manger ; je suis ensuite allé voir le baudet où Phanor était allé pour se sécher. C'est là seulement que j'ai encore mieux vu, en les frottant, dans quelle triste position ils étaient. J'ai cherché après l'étrille, je n'en ai plus trouvée ; j'ai été obligé d'aller prendre celle dont le domestique se servait pour étriller les chevaux. J'ai voulu étriller mon baudet ; je n'ai pas pu, parce qu'il n'était que de plaies ; je l'ai frotté où j'ai pu avec de la paille, je l'ai lavé avec de l'eau tiède jusqu'à ce qu'il ait été bien approprié ; je lui ai fait une bonne litière comme il n'en avait sans doute pas eu depuis que j'étais parti ; je lui ai donné à manger ; je suis ensuite allé pour faire la litière de Phanor. Il n'avait plus de cabane ; celui qui m'avait succédé l'avait démontée et brûlée ; je lui ai fait une niche derrière le baudet ; j'y ai mis une corde ; je suis allé lui donner à manger, et je l'ai mené coucher derrière le baudet, en attendant que je puisse lui refaire une cabane. Aussitôt après, je suis allé souper ; j'ai causé un peu avec ma maîtresse et sa fille ; je suis allé donner à manger à mes vaches. Le vacher qui m'avait remplacé ayant su ma rentrée n'est pas revenu ; et, aussitôt que toute ma besogne a été faite, je suis allé souhaiter le bonsoir à mon maître et à ma maîtresse, et je suis allé me coucher.

J'arrive à ce lit où j'avais goûté tant de belles heures de vrai repos, et dont je n'en avais eu une seule depuis que je l'avais quitté. Je fais ma prière ; je me couche. Je ne parlerai pas du nouveau bonheur que j'ai ressenti en me couchant ; je dirai seulement que j'ai dormi comme un ange. Le temps que j'ai passé dans ce lit ne m'a pas semblé être aussi long qu'une seconde du temps que j'avais passé depuis que je l'avais quitté. J'ai entendu du bruit dans la maison de mon maître en m'éveillant ; je me suis aussitôt levé ; j'ai fait ma prière ; je suis allé souhaiter le bonjour à mon maître ; je lui ai demandé comment il avait passé la nuit ; il m'a répondu : assez bien, et j'ai été satisfait. Je suis ensuite allé souhaiter le bonjour à ma maîtresse parce qu'elle était levée, et après je suis allé donner à manger à tous mes bestiaux. Mon pauvre Phanor m'a reconnu ; il était mieux que la veille, parce qu'il avait été bien couché. Un instant après j'ai abreuvé mes vaches et arrangé les autres bestiaux que j'avais l'habitude de soigner avant mon départ. J'ai fait ce seul travail pendant quinze jours, parce que je ne pouvais pas en faire plus, mes forces ne me le permettaient pas.

J'ai tellement bien soigné mes bestiaux, qu'au bout de dix jours on les voyait reprendre. Je ne les forçais cependant pas trop de nourriture ; je ne leur en donnais pas beaucoup à la fois ; mais je leur en donnais souvent, et je changeais le plus possible les diverses espèces. Je pansais bien leurs plaies, je les frottais bien avec de la paille ; je leur secouais ensuite toute la poussière qu'ils avaient sur eux avec un gros torchon que j'avais soin de laver aussitôt qu'il était sale pour ne pas salir leurs plaies, et au bout de dix jours j'ai pu commencer à étriller mes vaches et le baudet. Cependant le pauvre baudet tremblait lorsqu'il voyait que j'allais l'étriller ; je prenais tellement mes précautions pour ne pas le toucher où il avait du mal, qu'au bout de quelque temps je pouvais facilement l'approcher. Mon chien, auquel j'avais soin de faire souvent une litière propre et douce, se pansait et se nétoyait seul, Je ne le laissais courir que deux ou trois heures par jour,

7.

afin qu'il pût se désennuyer un peu. Je ne dois pas négliger non plus de dire que si j'avais le droit de faire à tous mes bestiaux ce que leur position exigeait, j'avais le même droit de le faire pour moi : c'est ce que j'ai aussi fait et en peu de temps, j'ai été assez bien rétabli ainsi que mon petit troupeau.

Il n'est que juste et à propos de faire connaître la position dans laquelle se trouvait aussi mon maître en ce moment. Je ne sais si c'était à cause de ce que lui disait ma maîtresse, de ce que je faisais à tous les animaux de la ferme qui avaient été négligés, parce qu'elle vérifiait tout ce que je faisais, ou si c'était parce que le temps de sa maladie s'écoulait, mais il est certain qu'il allait toujours beaucoup mieux. Il y avait donc espoir que tout irait bien ; que, dans le même laps de temps qui s'était écoulé depuis ma rentrée, tout ce qui était indisposé, ou plutôt malade, présentait un état satisfaisant dans la ferme, et que la demoiselle pourrait s'en retourner en pension d'où elle n'était revenue qu'à cause de la maladie de son père et pour soulager sa mère.

Le froid rigoureux qu'il faisait en ce moment retardait un peu plus qu'en temps ordinaire, la guérison des maladies qui existaient à la ferme. Cependant tout se réalisa comme on pouvait l'espérer. Mon maître se levait seul ; il pouvait rester levé le long du jour et aller visiter les écuries où il se rendait sans sortir dans la cour. La demoiselle était retournée en pension, et m'avait dit, avant de partir, que j'aie soin de continuer d'être bien exact et bien sage ; que, s'il en était ainsi, elle me récompenserait à Pâques, lorsqu'elle viendrait rendre une visite de deux ou trois jours à ses parents. Elle m'a acheté une blouse neuve, une casquette et des sabots, parce qu'il ne me restait presque plus rien, lorsque je suis rentré, de ce que j'avais emporté en partant, pour faire ce fatal voyage dont je ne parlerai presque plus ou le moins possible. Tout était à peu près rétabli dans la ferme. J'ai demandé la permission d'aller six semaines à l'école l'hiver au soir, chez un instituteur qui était venu s'installer dans le hameau pour passer le quartier d'hiver, ce qui me fut accordé, et j'ai profité de cette permission.

Décembre 10. — Je continuai à bien soigner mes bestiaux. Ils se rétablissaient à merveille. Nous étions à l'école du soir. Un des écoliers arrive un peu tard; le maître lui adresse quelques reproches. L'écolier lui répond qu'il vient d'informer M. le Maire de la commune, que Frédéric Sauvage avait vu, en revenant de charrier du fumier vers le soir, Firmin Hardi mort contre une meule de blé, sur le terroir. Nous voilà tous bien peinés d'apprendre cet accident; je l'étais bien plus que les autres, parce que c'était le vacher qui m'avait remplacé, et dont j'avais repris la place à ma rentrée. Il était tellement libertin, et la conduite qu'il avait tenue chez mon maître étant à son service, pendant qu'il était malade, l'avait tellement discrédité, qu'il n'a pas pu se replacer; on ne voulait même pas lui faire l'aumône ni le coucher. Il se sera assis contre cette meule pour se reposer; le froid l'aura pris, il y est mort.

Le même jour, mon maître d'école me donnait, pour lire, la fable : *Le Meunier, son fils et leur âne.* Je demandais aussitôt ce que c'était qu'un âne. On me dit que c'était un baudet, et que, pour mieux le distinguer, on l'appelait bête de somme, animal qui a de fort grandes oreilles, une figure stupide, qui est ignorant, qui a un esprit lourd et grossier. Je me dis aussitôt que mon âne, puisque c'est

âne et non baudet qu'il faut l'appeler, n'était rien de tout
cela ; qu'il était très-intelligent ; que c'était sans doute à
cause de la nourriture que je lui donnais et des soins que
je lui prodiguais. Il est vrai qu'il avait de grandes oreilles,
mais il avait une belle tête ; il était très-intelligent ; il
comprenait très-bien tout ce que je lui disais, et il était
très-propre. Lorsque je le menais, il faisait l'admiration
de tous ceux et celles qui le voyaient. Je ne pouvais pas
comprendre que l'on pouvait ainsi offenser un âne.

J'ai continué à faire les travaux de la maison toujours
en bien soignant mes bestiaux qui reprenaient à l'envi ;
je battais un peu, lorsque je le pouvais. Je suis allé
à l'école jusqu'à Pâques, parce qu'il a toujours fait de
très-mauvais temps pendant le Carême cette année. J'ai
même battu passablement d'avoine, lorsque ma besogne était faite, sans qu'il me soit arrivé rien d'extraordinaire.

Un beau jour, le garde champêtre, dont je n'avais pas
entendu parler depuis longtemps, est venu à la ferme rendre
une visite à mon maître ; il avait aussi été très-malade depuis longtemps ; il m'a reconnu et il m'a parlé un peu de
toutes mes petites aventures ; il m'a même dit que celui qui
m'avait remplacé, lorsque je suis sorti de la ferme, était
encore plus libertin que moi ; il m'a demandé si j'abandon-
nerais encore mes vaches pour courir au lièvre ou après
tout autre gibier ; je lui ai répondu que non ; en ce cas,
me dit-il, nous serons amis ; mais, si tu recommences,
tu sais ce qu'il en coûte. La manière dont il m'a parlé
m'a fait voir que ce n'était pas un homme à craindre,
comme je l'avais toujours présumé ; mais que c'était un
parfait honnête homme qui cherchait à faire respecter les
propriétés de ceux qui le payaient ; qu'il faisait le devoir

qu'il s'était engagé à remplir par serment. Nous sommes restés amis après, mais je savais à quelle condition.

Nous arrivons à Pâques, après des temps très-difficiles, où il avait était impossible de faire aucune culture pour le jardinage. Ma jeune maîtresse revient de pension pour passer les fêtes de Pâques comme elle l'avait promis à ses parents. Elle me demande si j'ai été bien sage et si j'ai bien fait la besogne de la maison; je lui ai répondu que ce n'était pas à moi à le dire, ni à en juger; qu'elle pouvait le demander a ses parents, ce qu'elle a fait. En ce cas, me dit elle, voici ta récompense; elle m'a donné un habillement complet et un beau chapeau, enfin tout ce qui m'était nécessaire. Je l'ai remerciée de mon mieux en lui disant qu'elle ne perdrait rien à cela, et que j'allais encore redoubler d'activité. J'ai mis mes habits et j'étais aussi beau que si j'avais été le fils de la maison. Le jour de Pâques, mon maître m'a demandé si j'avais de l'argent, me voyant d'aussi beaux habits; je lui ai répondu que non, et il m'en a donné aussitôt pour fêter avec mes camarades; je l'ai remercié du mieux qu'il m'a été possible.

Après la fête de Pâques, le temps s'est mis au beau; j'ai commencé immédiatement à jardiner, mais avec plus d'activité que les années précédentes, j'étais plus fort et j'avais plus d'expérience. En peu de temps j'ai eu disposé la terre et ensemencé ce qu'il y avait de plus pressant; je n'entrerai pas dans les détails que j'ai énumérés l'année précédente au sujet de diverses plantations que j'ai faites, et des soins que j'ai donnés. J'ai seulement cherché à changer de place le plus possible diverses graines, afin de ne pas fatiguer autant la terre, malgré tous les engrais que j'y mettais. Après que j'ai eu fumé, bêché et ensemencé, comme je l'avais fait précédemment, j'ai aidé mon maître dans la semaille de mars, parce qu'il a renvoyé le domestique qui avait dirigé les travaux pendant sa maladie. J'ai toujours bien examiné ce qu'il faisait, et je conduisais quelquefois les chevaux seul, après lui avoir demandé comment il fallait faire, ce qu'il m'expliquait le plus clairement possible ; je faisais tous mes efforts pour bien exécuter tout ce qu'il me disait. J'ai encore continué pendant quelques jours à conduire les chevaux pour soulager mon maître, afin qu'il puisse achever entièrement la semaille de mars. Vers le trente avril, j'ai commencé à aller chercher du seigle dans les blés pour mes vaches. On m'a donné un aide parce que les blés étaient très-forts et pour avoir un peu plus de verdure pour les vaches et les veaux, afin de les rendre en bon état avant de les sortir de leur écurie. Quant à mon âne, je lui avais donné tous les jours depuis que j'étais rentré à la ferme de l'avoine, de bon fourrage et quelques épis de blé. Il était en parfait état et à même de nous rendre de grands services, attendu que les chemins étaient très-mauvais. Il a eu beaucoup de mal pour conduire le fourrage pour les vaches, ce qui a duré jusque vers le vingt mai.

C'est le vingt mai que j'ai sorti mes vaches pour la première fois. L'expérience que j'avais m'a fait prendre plus de mesures ; je n'en conduisais que la moitié avant midi et l'autre après midi ; je les tenais par le lien. Phanor, qui était aussi très-bien rétabli, venait avec moi. Aussitôt qu'il y en avait une qui voulait courir, je n'avais qu'à dire « *Phanor, pique un peu ;* » elles le reconnaissaient, avaient peur de lui et elles arrêtaient. Arrivé à la pièce, je les liais aux étais ; je fauchais, je leur donnais à manger jusqu'à ce qu'elles en aient assez ; j'en coupais une voiture ; je reconduisais mes vaches à la ferme ; je prenais aussitôt mon âne et ma voiture, j'allais chercher ce que j'avais coupé de fourrage, je donnais à manger aux vaches qui étaient restées à l'étable ; j'en faisais autant après midi , pendant trois ou quatre jours, sans qu'il m'arrivât aucun inconvénient.

Au bout de ce temps, elles étaient habituées à aller à la pièce. Je les mettais toutes ensemble pendant deux ou trois jours encore. Je les chassais devant moi ; lorsque j'en avais une qui voulait s'écarter; je la faisais rentrer dans le centre par mon chien qui était très intelligent et qui lui donnait un petit coup de dent pour lui rappeler qu'il était là et lui apprendre à ne plus s'écarter, ce qui a eu lieu en peu de temps. Je continuai encore pendant trois ou quatre jours à aller chercher le fourrage après avoir rentré mes vaches à l'écurie ; et , au bout de ce temps, j'ai pu prendre mes vaches , mes veaux, mon âne et ma voiture. Je me suis fait suivre par mon chien. Le troupeau connaissait tellement bien le chemin et la correction qu'il recevrait s'il s'en écartait qu'il y serait allé seul sans qu'il y ait eu un seul animal qui ait touché aux propriétés d'autrui. Il n'y avait rien de plus agréable que de voir ce petit troupeau aller ou revenir de la pièce sans dévier de son chemin , avec l'âne, la voiture et le chien qui suivaient. Je me plaisais à les contempler. Je continuai donc toute l'année, comme je l'avais fait l'année précédente, à conduire mon troupeau et à faire tout ce que je pouvais dans la maison, dans le jardinage et même dans les champs, lorsque j'y avais besoin , parceque j'avais soin de faire un approvisionnement de fourrage. Lorsque je savais que je devais aller travailler avec les ouvriers de la ferme, à biner ou à d'autres travaux, je donnais, ou bien ma maîtresse donnait du fourrage aux bestiaux dans la cour ou dans l'écurie. J'ai tellement pris mes précautions, cette année , que je puis assurer qu'il n'est arrivé aucun accident à mon petit troupeau, ni aucune disgrâce pour mon maître, ni pour moi, et je ne pouvais pas croire que je ne me rappellerais pas toute ma vie de ces beaux jours.

Je ne puis passer sous silence la manière que j'ai employée pour récolter les graines et récoltes dans mon jardin.

Vers le 25 juillet, mes pois chauds étaient mûrs. Il en était resté pour avoir de la graine pour l'année suivante ; je les ai cueillis; je les ai ensuite enfilés avec une aiguille pour les mettre en forme de chapelet ; je les ai fait sécher; je les ai ensuite accrochés dans un grenier pour passer l'hiver; j'ai fait de même au fur et à mesure qu'ils mûrissaient pour les pois ordinaires, pour les fèves que j'ai aussi plantées et pour les haricots à rames. Quant aux haricots à pied, je n'ai fait que cueillir les feuilles; j'en ai fait des petites bottes comme des glanes que j'ai bien fait sécher avant de les mettre au grenier; j'ai laissé aussi la graine de navette, salades, oseille, choux, oignons, poireaux, carottes, betteraves et autres pour les besoins de la maison, au fur et à mesure qu'elles mûrissaient je les ai fait sécher, je les ai ensuite enveloppées dans du papier pour que la graine ne se perdît pas, et à l'approche du mauvais temps, je les ai accrochées dans le grenier, pour passer l'hiver, afin de pouvoir en conserver pour semer au premier beau temps et avoir une belle récolte.

J'avais l'intention de ne plus parler de la manière dont j'avais gouverné et dont je gouvernai mon petit troupeau jusqu'à la fin de l'année, qui, pour les vaches, est assez souvent fin octobre dans nos contrées, Dans ce moment le temps est souvent très froid et très pluvieux et il arrive presque toujours que lorsque les deux cas ne se présentent pas ensemble il s'en offre toujours un. Il est à propos, tant dans l'intérêt des bestiaux que dans l'intérêt de celui qui les conduit, de ne plus les sortir afin de ne pas les exposer à l'intempérie de cette rigoureuse saison pour ne pas les perdre. Quant à moi j'étais tellement enchanté de les conduire que j'aurais bien volontiers exposé mes jours pour eux ; mais, comme en m'exposant je leur faisait courir des dangers, j'ai donc consenti sur l'ordre que m'en a donné ma maîtresse, à ne plus les sortir qu'une seule fois.

Je ne saurais résister au désir de raconter la position dans laquelle je me trouvais un an avant, à pareille époque, car je m'en souviendrai toute ma vie. J'avais chagriné, par mon inconduite et par mon défaut de soins, le meilleur des maîtres, et je puis dire que pour moi, c'était un véritable père ; le mien ne m'aimait pas plus qu'il m'aimait ; il ne me chérissait pas plus ; il ne venait pas plus au devant de mes vœux ou au devant de ce qui pouvait me faire plaisir; il ne s'occupait pas plus de ma nourriture, ni de ma conduite ; il ne songeait pas plus à m'apprendre mes devoirs envers Dieu et envers les hommes. Il ne surveillait pas davantage mon éducation, et je dois répéter que l'éducation est ce qu'il y a de plus utile à l'homme. Je ne comprends pas comment on ne l'a pas placée au rang des choses les plus utiles, parceque, sans l'éducation, l'homme ne peut exister, ou s'il existe ce n'est qu'en souffrant ; souffrir ce n'est pas vivre : c'est mourir, et beaucoup de ceux qui souffrent préfèrent même la mort à une vie si malheureuse. Oh! enfants qui lisez ou lirez ma vie, n'oubliez pas que sans l'éducation vous serez malheureux ; vous ne ferez aucun progrès et vous rendrez par votre faute vos enfants et vos successeurs malheureux.

Dieu a puni l'homme à cause du péché en le condamnant à cultiver la terre pour vivre; mais il lui a laissé l'idée et le moyen de réparer sa faute; soyez et restez convaincus que vous n'aurez les deux moyens que par l'éducation; et, plus

votre éducation sera complète, plus votre idée et votre
génie seront grands ; ne me prenez pas pour base malgré
les progrès que j'ai faits ; tâchez de vous procurer une
éducation supérieure à la mienne, parce que si elle n'est
pas plus étendue, c'est que mes moyens pécuniaires, et
les difficultés de trouver des maîtres dans mon temps, m'en
ont empêché. Vous n'êtes plus dans la position où j'étais :
l'éducation a fait des progrès surprenants depuis cette
époque ; nous sommes arrivés dans le véritable siècle de
lumière ; ne laissez donc pas éteindre ce flambeau, je
vous le répète, que vos pères ont eu tant de mal à allumer ; profitez de votre jeunesse, des plus beaux jours de
votre vie pour vous procurer une belle éducation ; soyez
persuadés que l'esprit de l'homme a besoin d'être cultivé
comme la terre ; profitez de ce temps où vos parents et vos
maîtres jettent dans votre esprit cette bonne semence,
cette semence incomparable qui l'ornera pendant toute
votre existence ; vous avez un véritable intérêt particulier
à cultiver votre esprit ; personne ne peut le faire pour
vous. La culture de la terre se commande et se fait faire ;
mais la culture de l'esprit ne se fait que par soi-même ;
et, si elle est mal faite, on ne peut en rejeter la faute sur
un autre, puisqu'il y a des hommes qui s'offrent toujours
à bien faire cette culture, ou qui indiquent les moyens de
la bien faire. Cultivez donc cette belle et incomparable propriété qui est sans borne ; cultivez-la dans votre jeunesse,
et vous en recevrez la grande récompense dans votre âge
mûr, dans la vieillesse. S'il vous arrive des malheurs,
votre éducation pourra y pourvoir. Votre éducation peut
vous être utile en toutes choses ; elle peut vous servir
pour la culture de la terre, de cette terre qui offre son
sein à tous ceux qui ont du courage ; elle est votre mère ;

elle est la mère du monde entier : une mère n'abandonne jamais ses enfants. Soumettez-vous à la volonté du Tout-Puissant, qui a voulu que l'homme soit obligé de travailler pour vivre. L'esprit de l'homme est capable de tout inventer ; cultivez-le par l'éducation, vous ne serez jamais seul et vous pourrez plus aisément réaliser vos inspirations ; vous comprendrez vos devoirs envers Dieu ; vous comprendrez que Dieu veut le bonheur de ceux qui l'aiment, de ceux qui aiment leur prochain et qui font des efforts pour alléger les pénibles travaux auxquels l'homme a été condamné ; par l'éducation, vous aurez de l'énergie, vous améliorerez certainement la culture de la terre. Vous avez aujourd'hui des maîtres qui vous tendent les bras pour vous instruire : je n'en avais pas ; vous avez des parents fortunés, ou, si vous êtes orphelins, vous êtes riches : je ne possédais aucune fortune ; si vos parents ne sont pas riches, ils ont des bras pour travailler, pour vous faire instruire : je n'avais pas cette ressource. Si vos parents sont tellement pauvres qu'ils ne puissent vous envoyer à l'école, et vous acheter ce qui vous est nécessaire, vous trouvez d'autres parents qui vous traitent d'enfants de la Patrie ; ils paient pour vous le maître qui vous prodigue ses connaissances, et ils vous fournissent tout ce qui vous est nécessaire. Lorsque j'étais à l'âge d'aller à l'école, on ne la faisait pas encore, et j'ai presque été privé de toute éducation. L'éducation que j'ai est pour ainsi dire trouvée ; restez convaincus qu'il est possible de perdre son éducation, mais que personne ne peut en trouver, ni en acheter. Si vous êtes riches, songez que vous ne serez jamais rien au monde sans éducation ; travaillez-y donc jour et nuit, s'il le faut : c'est elle seule qui peut faire votre bonheur, celui de vos parents et de votre famille, et soyez persuadés, si vous êtes riches, que vous serez moins dans la société que le dernier des pauvres qui aura reçu de l'éducation. Si vous êtes pauvres, profitez des facilités qui vous sont données, comme aux riches, pour votre éducation ; pensez que vous devez être plus actifs que le riche à vous procurer l'éducation qu'on vous offre, parce que les besoins qu'auront de vous vos parents pour travailler, pour vivre, les forcera à vous retirer de l'école, et que si vous laissez échapper le moment, vous ne le retrouverez peut-être jamais ; soyez persuadés qu'il n'est plus aussi facile qu'auparavant de vivre sans instruction, depuis qu'elle est propagée ; restez convaincus que sans elle, vous n'aurez jamais que le plus vil emploi ; profitez donc du moment où on veut vous faire faire une belle éducation, malgré votre fâcheuse position, à cause de celle de vos parents, et dites que puisque vous êtes nés pour travailler plus fort que ceux qui sont nés dans l'opulence, vous allez, dès à présent, le faire. En commençant par votre éducation, commencez par les principes; continuez et vous serez toujours heureux. Il pourra vous venir des idées qui vous donneront de l'avancement, qui vous feront faire des progrès surprenants et qui feront votre bonheur et celui de votre famille. Sans éducation, vous êtes toujours certains de rester les derniers des hommes, principalement dans le siècle où nous vivons.

Je ne puis rester plus longtemps sans chercher à dépeindre le plaisir et la satisfaction que j'ai eus en ce jour. Il est vrai que le bonheur que je devais goûter a été favorisé par le beau temps qu'il a fait. Je suis parti un peu plus matin qu'à l'ordinaire avec tout mon petit troupeau que je chassais devant moi, et Phanor qui m'accompagnait toujours en me fixant ou en m'écoutant pour savoir si je

ne lui commandais pas quelque chose. J'arrive dans la
pièce de sainfoin où j'avais eu soin de conserver un petit
carré, sans y laisser aller mes vaches. Ce jour là je les ai
laissées libres; elles sont donc allées où il y avait le plus à
manger pour elles; et, plus d'une heure après qu'elles
furent rassasiées, comme elles ne l'avaient été depuis longtemps, je me suis disposé à retourner à la ferme. Je suis
monté sur mon âne, ce que je ne faisais jamais. J'ai
rassemblé mon petit troupeau; Phanor m'accompagnait
et m'aidait à le conduire. J'avais aussi pris, de plus
qu'à l'ordinaire, la bride de mon âne. Enfin me voilà
parti pour la ferme, à petit pas. Mon troupeau marchait
doucement, mais gaîment, avec la tête haute. Je suivais
derrière monté sur mon âne, qu'il fallait que je retienne,
parce qu'il voulait marcher en compagnie avec les vaches.
Si celui qui a écrit que les ânes n'ont point d'intelligence
avait vu le mien, il aurait fait en sa faveur une exception,
j'en ai du moins la conviction. Je marchais avec mon
petit troupeau en faisant claquer mon fouet le long du chemin, pour que les personnes qui en étaient proches se
missent à regarder mes vaches, mes veaux, mon âne et
mon chien qui me suivaient. Il est bon de dire que, malgré son embonpoint, mon troupeau allait d'un pas rapide. Les coups de fouet dont je faisais retentir l'air,
ne dérangeaient aucunement la marche de mes bestiaux,
parce que je ne les frappais jamais, si ce n'est lorsqu'ils s'écartaient de la ligne qu'ils devaient tenir.

Je marchais en admirant mon troupeau et je me disais qu'il n'était jamais passé d'aussi belles vaches à
Doullens, venant de la Flandre ou de la Belgique. Je
disais de plus qu'aucun des gros marchands qui passent
souvent n'ont pas un chien aussi intelligent et aussi beau

que le mien, et qu'aucun d'eux n'était monté comme moi; qu'ils ont toujours de mauvais bidets maigres, presque blessés partout et très-sales, qui marchent toujours la tête dans les jambes, tandis que mon âne était beau, gras, très-propre et marchait la tête levée. Ils ont toujours des chiens maigres et sales, tandis que le mien est gros et propre. Ils ont des manteaux sales et très-souvent de l'argent que je n'ai pas, et leur troupeau est à eux, tandis que celui que je conduis appartient à mon maître. Je suis jeune; j'ai du courage et un peu d'intelligence; j'espère que le bon Dieu, père des orphelins, me prendra en pitié.

Pendant le temps qu'ont duré toutes ces réflexions, j'approchais du hameau. J'ai arrangé mon fouet, ce que je n'avais pas encore fait depuis que j'étais à la ferme. Je claque pour faire voir mon troupeau à tous les voisins. Ils sont sortis de chez eux pour le voir passer et l'admirer. ils disaient on voit bien que ce n'est plus le vacher de l'année dernière; M. Pierre, qui était le nom de mon maître, a le plus beau troupeau du hameau; il n'y en a même pas d'aussi beau dans le grand village voisin. J'écoutais tout ce qu'on disait de mon troupeau et de moi, sans avoir l'air de comprendre; mais je savais bien que c'était de moi qu'on parlait, et j'étais si satisfait que je me croyais le plus heureux des mortels.

J'arrivai près de la ferme de mon maître. Je me suis mis à claquer comme le premier des garçons meuniers des pays voisins n'était pas capable de le faire : c'est ce qui a le plus surpris tous les habitants, parce que je ne faisais jamais aucun bruit, n'importe en quel endroit; mais les journées de temps frais qu'il avait fait depuis quelques temps, me forcèrent à prendre quelque exercice dans les champs avec mes vaches, et c'est à manœuvrer mon fouet que je me suis le plus exercé. Comme c'était pour moi un jour de fête, j'ai voulu faire voir que j'étais encore un peu capable de me récréer, j'ai donc continué jusqu'aux abords de la ferme, d'où mon maître, ma maîtresse et tous les gens de la maison sont sortis à ce bruit tout nouveau pour eux. J'arrive à la ferme; on me reçoit comme un grand ami qu'il y a longtemps que l'on n'a pas vu ; on veut m'aider à rentrer mon troupeau et à le mettre en place ; je refuse en disant que je ferai bien toute ma besogne, ce que je fis ; mais ce jour là je n'attachai pas Phanor, je le laissai libre. A ma rentrée à la maison, mon maître m'a offert un verre de son meilleur cidre, et je l'ai accepté. Il en a ensuite offert à tous les autres domestiques, et tout le monde a bu à ma santé. Ma maîtresse a fait un souper plus copieux qu'à l'ordinaire, lequel eût lieu à six heures du soir ; elle nous a fait des rôties, et elle nous a donné du dessert. On a continué de boire à ma santé ; on chérissait même Phanor, à cause de ses bons services. Mon maître et ma maîtresse m'ont promis une belle récompense, et ils ont réalisé leur promesse. J'ai goûté en ce jour, pour la première fois, le véritable bonheur de l'homme, parce que l'homme ne doit être véritablement satisfait que lorsqu'il fait lui-même son bonheur : oui, j'ai goûté dans ce beau jour la plus vive satisfaction qu'il soit possible d'éprouver ici bas:

A onze heures, ce qui n'arrivait que pour des besoins exceptionnels, j'étais encore levé; je suis allé voir comment mon troupeau était ; j'ai attaché Phanor et je suis allé me coucher.

J'ai dormi comme un ange. Quoique j'aie dit que l'on ne

pouvait goûter des moments plus heureux, le lendemain le temps s'est mis à la pluie. Il m'a semblé, ce que j'ai même dit, qu'il avait encore fait beau ce jour-là, le jour que j'ai rentré mes vaches pour la dernière fois cette année, que c'était parce que le Tout-Puissant voulait, pour la première fois, me récompenser du véritable bonheur. Je me suis levé de bonne heure et je suis allé souhaiter le bon jour à mon maître et à ma maîtresse, ce qui était d'usage à la maison, parce qu'aucun ouvrier n'avait le droit de rester ou de commencer son travail dans la ferme qu'après avoir rempli ce devoir. Aussitôt après, je commençai ma besogne comme les années précédentes; vu que j'étais plus fort et plus âgé, je travaillai davantage. Lorsque les travaux que je faisais avant dans la maison n'étaient pas plus importants, je battais plus de gerbes de blé ou d'avoine, ce qui dura jusqu'à la fin de janvier de l'année suivante.

Je ne puis cependant passer sous silence les quelques mois pendant lesquels je suis allé à l'école l'hiver, principalement l'année dernière après ma rentrée. J'ai remarqué que cette année mon maitre m'a fait plus d'accueil en arrivant que l'année précédente. Il me dit aussitôt que je lui ai eu souhaité le bonsoir, pour la première fois: arrivez, M. Nicolas, soyez le bien venu, asseyez-vous; ce que je fis sans aucune réplique. Il me dit immédiatement : si vous pouvez et si vous savez avoir autant de soin de votre éducation cet hiver que vous avez eu de votre jardin, de vos vaches et d'autres choses, pendant la belle saison, vous serez le premier élève de la classe. Je lui ai répondu, en le traitant de maître, que j'avais fait tout ce que j'avais pu, tant dans mon intérêt que dans celui de mon maître, de mes vaches et autres bestiaux ; que j'allais chercher à faire pour mon éducation tout ce que je pourrais, et que j'espérais faire encore mieux à l'avenir, parce que j'avais plus d'àge, d'idée et d'expérience. Il me répartit que mon langage prouvait beaucoup en ma faveur. Je lui ai dit de nouveau : je vous remercie infiniment, M. le maître, et la conversation en resta là.

Je continuai à m'occuper des soins de mes bestiaux, de ce que je pouvais faire à la ferme et de mon éducation jusqu'au 30 janvier suivant, sans qu'il soit arrivé rien de remarquable. Le 30 janvier, mon maître, étant allé en voyage, alors qu'il faisait mauvais temps, rentra malade, et tous les soins que nous lui avons prodigués, ma maîtresse et moi, paraissaient inutiles. Il me dit dans sa plus grande souffrance : Nicolas, tu commences à avoir de l'âge et tu as de l'intelligence ; si je viens à mourir, je veux que tu t'occupes de la culture, et, de ce jour, je ne veux plus que tu t'occupes des vaches. Il dit à ma maîtresse, qui était à côté de moi : tu entends, ma femme, prends de suite un vacher ; je ne veux plus que Nicolas entre dans l'étable des vaches que pour savoir si elles sont bien gouvernées, ainsi que l'âne ; prends tes mesures en conséquence. Madame a répondu qu'elle exécuterait volontiers cet ordre. Mon maître voyant que je gardais le silence, me dit : et toi, Nicolas, tu restes muet ? Je lui ai répondu : vous êtes mon maître, vous savez que je suis disposé à faire tout ce que je peux pour vous être favorable ; vous savez que je ne connais que très peu de chose en agriculture ; mais je suis disposé à faire tout ce qui peut vous être agréable et utile. Il continua : j'ai l'expérience de ta manière d'agir ; fais ce que tu peux ; je ne te demande pas plus. De ce jour, j'ai abandonné mes vaches ; je ne me suis plus

8.*

occupé que des soins des chevaux et de l'agriculture.

Fin janvier. — Me voilà chargé à mon âge des plus grands soins d'une ferme, à seize ans et demi. Né de parents pauvres, orphelin à dix ans, ne m'étant pas occupé de culture, n'ayant fait que conduire les vaches, les soigner, et encore très mal. Il est vrai que j'ai assez bien réussi la dernière année; il est aussi certain que j'ai convenablement rempli mes devoirs; mais cela ne prouve rien en ma faveur, car ils étaient faciles, et j'étais d'ailleurs guidé par un maître et une maîtresse capables, intelligents et bons, qui ne se fatiguaient point de me donner les indications dont j'avais souvent besoin. Ma maîtresse s'entendait aussi bien que mon maître en agriculture. Il y avait donc toujours quelqu'un pour me surveiller; rien n'était au surplus difficile dans la besogne qui m'était assignée. Aujourd'hui voilà mon maître malade; il ne jouissait pas d'une bonne constitution avant cette nouvelle atteinte, mais il est maintenant tellement souffrant qu'il ne m'est guère permis de lui parler; il ne peut plus me donner aucun ordre, ni pour les soins des chevaux, ni pour ceux de la culture, en ce qui concerne les labours et engrais, ni pour les dispositions à prendre pour la nouvelle semaille qui doit avoir lieu sous peu de temps. Me voilà donc dans le plus grand embarras du monde, et craignant de déranger mon maître pour connaître la nourriture qu'il faut donner aux chevaux, et savoir où je dois conduire les fumiers. Mais ma maîtresse n'en sait pas plus que moi; elle n'avait pas à émettre son avis sur ce que faisait mon maître; en outre, quand bien même elle pourrait me donner quelques renseignements, comment la déranger, elle qui a tant de besogne, elle qui doit être constamment auprès de son

mari ? Ce serait augmenter ses peines que de lui demander ce que je dois faire ; il faut cependant que j'agisse ;
je l'ai promis ; lorsque je ne l'aurais pas promis, je devrais encore m'acquitter de mon devoir et faire en sorte
de me suffire à moi-même ; mais comment y parviendrai-je ?

Après de longues réflexions, il m'est venu dans l'idée que
l'ancien moissonneur, dont le fils était alors à la ferme, connaissait la culture ; qu'il pourrait me guider. Je prends le
parti de l'aller voir et de lui expliquer mes embarras, ce que
j'ai fait. Il me dit qu'il connaît très-bien les terres de mon
maître, et qu'il pourra me les indiquer, ou m'y conduire s'il
le faut ; mais qu'il ne sait pas à quel état de culture et d'engrais elles étaient, ni ce qu'il avait l'intention d'ensemencer
dans ses terres cette année ; qu'il pourra s'en informer auprès de madame et auprès des voisins s'il le faut, et qu'il
fera tout ce qui dépendra de lui pour bien me guider et
m'aider à sortir de l'embarras dans lequel je me trouvais. Je
connaissais aussi une très-grande partie des terres de mon
maître : c'était quelque chose ; mais je ne savais pas cultiver,
et c'était pourtant là le point essentiel ; il fallait cependant
marcher ; j'y étais engagé.

Le premier février, il gelait très fort et il y avait beaucoup de fumier dans la cour. Ce vieux moissonneur vient
m'aider à charier ; nous conduisons le fumier dans une pièce
de terre qui avait été froissée et hersée avant l'hiver. Le
fumier qui était le plus lourd, nous le conduisons dans une
pièce qui avait aussi été froissée et hersée et où mon
maître voulait ensemencer des pois gris. Ce qui restait
encore de fumier dans la cour je l'ai conduit seul dans
une pièce où on devait planter des pommes de terre. J'ai
charié seul dans la dernière pièce, parce que je commençais à m'habituer de conduire les chevaux à la voiture ;

j'en avais déjà contracté un peu l'usage en conduisant mon âne. Ce qui me dérangeait le plus c'était pour garnir, ateler et dételer les chevaux ; mais j'avais bien soin d'examiner comment le domestique qui m'aidait faisait, et, en peu de temps, je l'ai su, malgré les difficultés que j'avais pour mettre les gorons ; j'avais pour cela une forte fourchette coupée à longueur voulue ; je posais ma flèche dessus, et je liais facilement les gorons au huhot : c'était ce que j'avais de plus difficile à faire. J'avais bien soin d'atteler les chevaux de manière qu'ils ne se frappent pas les genoux contre le huhot en marchant. J'attelais ensuite mes chevaux de devant avec une grosse courte chaîne que je mettais au bout de la flèche ; je mettais un gré derrière la voiture pour que le poids de la volée n'arrache pas le cou des chevaux en revenant avec la voiture vide. Je n'explique pas la manière dont j'accouplais mes chevaux, l'exécution du travail l'indique très-facilement. Je mettais les deux plus forts derrière et j'avais soin en outre de les mettre dans la place qui leur était la plus favorable, parce que les chevaux, soit à cause de leur ardeur, de leur âge, ou de leur constitution, vont mieux dans une place que dans une autre : c'est aussi ce que j'avais soin de faire afin de leur épargner du mal.

Je continuai pendant deux ou trois jours à charier, sans qu'il me soit arrivé rien d'extraordinaire. Mon guide avait assez de confiance en moi, il me laissa conduire une voiture seul ; nous allions souvent à deux, il y en avait toujours un qui montait en voiture pour revenir, il pouvait se mettre derrière pour donner le contre poids à la flèche et à la volée, pour que les chevaux de derrière ne soient pas aussi chargés. Nous n'avions pas fait attention que le grès que nous mettions derrière pour les soulager était perdu.

Voyant qu'ils marchaient la tête baissée, à cause du poids qu'ils avaient sur le cou, et sachant qu'ils connaissaient leur chemin, que je n'avais pas besoin de les conduire, je monte sur le derrière de la voiture, avant de franchir un petit ruisseau. La voiture pousse un peu les chevaux de derrière ; ils avancent plus vite que ceux de devant ; le cordeau s'arrache à la volée en dessous d'un travers ; les chevaux de devant sentent que ceux de derrière les suivent de près, ils avancent un peu plus vite, juste au moment où ils allaient passer un ruisseau ou petit ravin, alors le cheval de cordeau se trouve retenu, croit qu'il doit obéir, tire un peu à gauche ; il y avait une petite masse de terre à côté du frayé ; la roue monte dessus et la voiture verse. Je me suis blessé au genou en tombant ; les chevaux se sont effrayés du bruit que la voiture a fait et de mes cris ; ils sont partis au trot ; je n'ai pas pu me redresser pour courir après ; ils ont perdu les roues quelques pas plus loin, et ils ont couru ensuite jusqu'à la première maison du hameau avec la voiture, où un cultivateur, qui chariait aussi, les ayant vu venir, a mis sa voiture en travers du chemin pour barrer entièrement le passage, et les chevaux se sont arrêtés.

J'étais resté dans le petit ravin avec une blessure assez grave ; le sang coulait très abondamment de ma plaie ; il m'était impossible de bouger de place ; les autres coups que j'avais reçus en tombant me faisaient un mal insupportable ; mes chevaux partis avec la voiture, sans roues, allaient tout briser, se jetter dans quelque abîme.

Je ne savais plus ce que je pensais, ce que j'étais, ni ce que j'allais devenir, en me voyant dans une pareille position. Il me semblait que tous les maux de la terre étaient destinés pour moi ; je m'écriais : Mon Dieu ! il y a peut-être des chevaux de tués ; la voiture est sans doute brisée ou les chevaux rencontreront d'autres voitures. Ils tueront le voiturier, les chevaux briseront l'équipage ; ou, s'ils rentrent, mon pauvre maître, qui est au lit, va se saisir ; il sera plus malade ; peut-être en mourra-t-il ; je me recommandais à Dieu, afin qu'il n'arrivât aucun malheur. Quelques minutes après ces mots, je vois un homme qui accourait vers moi de toutes ses forces ; en arrivant, il m'examine ; il me demande ce que j'ai, et il me dit tout à la fois qu'il venait d'arrêter mes chevaux, un peu plus loin, dans une petite cavée ; qu'ils ne couraient plus fort ; que sa voiture était dans le chemin ; qu'ils n'ont pu passer à côté, et qu'ils sont arrêtés ; qu'il y avait deux ou trois autres voituriers qui le suivaient ; qu'ils sont à dételer les chevaux et mettre la voiture sur le rideau ; qu'ils vont me ramener la voiture pour remettre la roue, et qu'il n'y a rien de cassé.

Je l'écoutais comme un coupable écoute un juge qui rend sa sentence, en voyant que les malheurs que je craignais n'étaient pas arrivés, ce qui m'a rassuré un peu, je me suis levé, malgré mon mal ; et, aidé par lui, j'ai pu rejoindre chevaux, voiture, et les hommes qui les débarrassaient. Mon guide s'étant impatienté du retard prolongé que je mettais pour faire mon voyage, est venu au devant de moi, et je lui ai expliqué ce qui venait de se passer. Il me dit : ce n'est rien ; va-t-en à la ferme, si tu le peux ; ces messieurs vont m'aider à remonter la voiture sur les roues ; à force de mal et de courage ; j'ai rejoint la première maison.

J'étais dans un état affreux, plein de sang, transi de froid, ne pouvant presque pas me traîner ; je nes avais comment rentrer à la ferme dans une semblable situation. Je gagnai la première maison du hameau ; je m'assis au feu ; on lava ma plaie et tout le sang que j'avais sur moi ; on l'enveloppa bien, on raccomoda mon pantalon, qui était déchiré. Pendant ce temps, je me suis remis un peu ; le domestique, ou plutôt mon guide, puisque c'est ainsi que je l'appelle, arrive avec eux et la voiture ; je monte dedans ; nous arrivons à la ferme. Il a fallu expliquer la cause du retard ; j'ai dit à Madame qu'étant chaussé à galoche, j'avais glissé ; que j'étais tombé sur les genoux ; que je m'étais fait une plaie ; que l'effet du coup dans une partie si sensible m'avait ébloui ; que j'avais arrêté les chevaux jusqu'à ce que j'ai pu revenir ; qu'un cultivateur que j'avais rencontré m'avait donné une enveloppe pour y mettre ; que le domestique était arrivé comme je revenais, et que mon genou me faisait un peu de mal. Madame m'a répondu : ce n'est rien en ce cas ; tu te reposeras quelques jours jusqu'à ce que tu sois guéri. Ce n'est que dix jours après que mon maître et ma maîtresse ont connu le fond de l'accident qui m'était arrivé. Ils m'ont dit qu'à l'avenir ils prétendaient connaître tout ce qui m'arriverait et savoir tout ce que je faisais ; je leur ai assuré que je les mettrais au courant de tout.

L'homme qui me remplaçait devait passer dans de très-mauvais chemins le lendemain. Il prit le chariot pour ne pas être aussi exposé et partit aux heures ordinaires. La pièce où il allait était assez éloignée ; mais le temps qu'il lui fallait peut s'évaluer à un quart-d'heure plus tard. Il ne rentre pas ; Madame est de nouveau dans l'inquiétude ; elle envoie voir au devant de lui ; ce n'est qu'un quart-d'heure après qu'il rentre ; elle lui demande ce qui s'est encore passé. Il répond qu'il a oublié son levier pour le-

ver la croûte, afin de faire tomber plus facilement le fumier
hors du chariot ; qu'il a voulu le faire avec le manche de
son greuet, et qu'il l'a cassé ; qu'il a fallu qu'il décharge
toute la chariotée de fumier avec ses mains, ce qui lui a
coûté une demi-heure de plus et un mal considérable ; qu'il
est satisfait néanmoins d'avoir pu mener ce travail à bonne
fin. Il a continué de charrier deux jours dans cette pièce avec
le chariot, et la dernière voiture, il a tourné trop court en
déchargeant ; la pièce était en côte, le chariot a versé. Il a
pu le redresser facilement en accrochant la volée de devant
aux roues et en faisant avancer les chevaux. Il n'a pas eu
pour cela beaucoup de retard. Je me suis dit qu'il m'évitait
encore de nouveaux malheurs auxquels j'étais exposé, parce
que je prendrais bien mes mesures pour ne pas oublier mon
greuet ni mon levier ; que j'aurais soin de ne pas tourner
trop court ; que, si je me trouvais dans une place pour ne
pas pouvoir tourner, j'attelerais plutôt mes chevaux de
devant à la roue de derrière pour mettre le chariot à place
avec un levier, ou que je le reculerais un peu dans le
sens inverse, afin de ne pas verser, parce qu'il a fallu
que le moissonneur prenne une brouette pour conduire le
fumier dans la pièce avant de l'épandre. Il pouvait en outre
arriver de bien plus graves accidents.

Février 15. — Après le transport du fumier, il a commencé à dégeler, et j'ai pu labourer aussitôt que la terre
a été un peu raffermie, pour enterrer les fumiers. Mon guide,
qui m'accompagnait, m'a envoyé achever une pièce où la
charrue était restée avant la gelée, en me disant qu'il allait
me suivre. La terre était encore très-humide ; je commençai à labourer, et je continuai jusqu'à ce qu'il fût arrivé. Il
avait été retenu un peu à la ferme pour besoin. Il me dit :
Mais que fais-tu là ; tu dessilles la terre, et tu vas bien

près de deux trous trop profond, ce qu'il m'explique. Il desserre la charrue et la raccourcit de deux trous qui sont pratiqués dans la haie, remet avec soin la petite cheville qui existe aussi dans les trous de la haie de la charrue, la resserre et me dit que j'aie soin de prendre les mêmes précautions lorsque la charrue entrera trop profondément dans la terre, de faire l'inverse lorsqu'elle n'y pénétrera pas assez, ce que j'ai compris. Il a resserré un peu la charrue en tordant la vis. Il a fait avancer les chevaux pour voir si le suivant n'était pas dérangé, afin de ne pas faire un sillon plus gros que l'autre. Il l'était en effet; il force la haie à se tordre ou à se détordre, et, la tenant par les macherons, il fait deux ou trois sillons sans la déranger, afin d'aider la charrue à retourner et pour que les chevaux ne la fassent pas mouvoir; et, lorsqu'il a été assuré que sa charrue était droite, il l'a serrée en tordant la vis; mais le temps qu'elle avait été dans les champs avait couvert la vis de rouille. Il ne peut pas la serrer assez fort; il prend le ployant de la charrue (ce qui sert à faire jouer le coutre), qu'il met en dessous de la cheville qui est pour tordre la vis, appuie le bout du ployant contre la vis, appuie le fin côté du ployant en dessus de la tête de la vis; il tient bien son ployant de champ, et serre facilement la charrue. Il me demande si j'ai bien compris; je lui réponds que oui; que je le ferais bien. Il me dit : Cela ne se fait que lorsque l'on ne peut pas serrer sa charrue avec la petite cheville qui est dans la tête de la vis. Il vaut beaucoup mieux apporter un peu de graisse et graisser plus souvent, on n'abîme pas autant la vis de son cagnon et on n'est pas exposé à la casser. Il termine la pièce et nous allons en commencer une autre en côté pour enterrer le fumier.

Nous arrivons dans la pièce; elle avait été binotée en

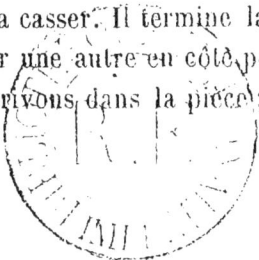

9.

montant, parce qu'elle était plus longue de ce sens que du sens que nous allions la commencer. Il y avait eu des sillons de charrue faits en travers pour arrêter l'eau qui aurait coulé le long des sillons l'hiver, et qui aurait dégradé la terre, ce que j'ai remarqué, parce que la pente de la pièce était assez forte. Mon guide commence à labourer, fait quelques tours; il me dit : Je vais enterrer un peu ma charrue; il y a du fumier; il faut le bien couvrir sans cependant le mettre trop profond. Il attire deux petites flottes autour de la haie qu'on pouvait faire agir à volonté; elles faisaient à peu près, par leur épaisseur, la moitié de a distance entre deux trous. Il les attire sur le cagnon, ôte la cheville, la met dans un autre trou plus loin, desserre la charrue, pousse un peu les roues; le cagnon glisse sur la haie, jusqu'à ce que les flottes aient été serrées contre la cheville, resserre la charrue comme je l'ai dit précédemment, et continue à labourer. La charrue entrait assez avant dans la terre; la pièce avait à peu près la même pente; c'était partout la même terre, on pouvait espérer de labourer toute la pièce sans rien changer. Mon guide est parti; j'ai continué à labourer pendant deux ou trois jours; j'ai terminé la pièce.

Il ne faut pas s'épouvanter des détails que je donne pour les divers changements à faire selon la qualité ou la position du terrain pour labourer la terre. Ces opérations, comme d'autres que je citerai, se font aussi vite qu'on peut le prononcer. Je ne donnerai les détails que pour faire comprendre aux élèves des cultivateurs à quoi ils sont exposés, parce que tout ce que j'ai dit et dirai m'est arrivé; mais soyez persuadés, jeunes gens qui voulez vous vouer à l'art de cultiver la terre, que si vous ne prenez pas bien vos précautions pour éviter tous les dangers auxquels

vous êtes constamment exposés, et toutes les fautes que
vous pouvez commettre, il vous en arrivera encore bien
plus qu'à moi. Je vous fais connaître, dans votre intérêt,
ce qui m'est arrivé dans ma jeunesse ; mais les minutieuses
précautions que je prenais m'ont encore fait passer plus de
mille fois à côté du danger sans y tomber, et vous voyez
que vous avez besoin de vous tenir constamment en garde,
et de réfléchir sur les précautions qu'il y a à prendre pour
bien cultiver la terre, et éviter les accidents que j'ai signa-
lés. Je ne vous dirai pas tout ce que j'ai bien fait, je ne
vous dirai non plus qu'une partie de ce que j'ai fait de mal.

Le jour que je devais terminer ma pièce je le dis à mon
guide ; je lui indique l'heure que je pourrai avoir besoin
de lui. Il me dit qu'en cas qu'il ne soit pas arrivé j'aille
dans une pièce qu'il m'indique et qui est dans un fond, le
long d'un courant d'eau, laquelle n'avait pas été binotée ou
froissée. Je commence la pièce le long du petit courant ;
mes chevaux étaient assez entendus ; ils suivent sur le bord,
et, pour le peu que je les guidais, ils allaient bien. J'arrive
au bout de la pièce ; je leur commande de retourner, ils le font.
Je ne me suis pas défié que mes chevaux retournant sans
que je mette ma charrue à droite ou à gauche dans la pièce,
le derrière ou suivant de la charrue allait me mettre dans le
petit ravin, ce qui fut fait. Pendant que je tournais mon
coutre, mes chevaux étaient à moitié retournés ; je veux
activer, je glisse sur la bordure du petit ravin ; je tombe
dedans ; mes chevaux versent ma charrue ; les cordeaux
tirent les chevaux. Ils sont tous forcés de reculer ; je me
redresse ; je fais ensorte de redresser un peu la charrue.
Aussitôt qu'ils ont été libres, j'ai agité les guides pour les
faire avancer dans la pièce ; j'ai sorti la charrue du petit
ravin, aidé par mes chevaux. Ce n'est qu'après être sorti du

danger que je l'ai vu. Je me suis dit : Je l'ai échappé belle ;
et, si c'eût été un grand ravin tout était perdu ; ma charrue
serait tombée sur moi ; mes chevaux auraient été tués et ils
m'auraient tué en même temps. Je me suis encore dit : c'est
cependant de ma faute, si j'avais d'abord dételé deux chevaux pour faire le premier sillon, je n'en aurais pas exposé
quatre. Il m'aurait été plus facile de les conduire ; j'aurais
commencé ma pièce plus près du petit ravin. Si, arrivé au
bout de la pièce, j'avais mis un peu dans la pièce, afin de
pouvoir retourner la charrue, sans être moi-même exposé
à tomber dans le ravin, et si, pour faire le premier sillon,
j'avais tiré mes cordeaux des macherons en ayant soin de les
tenir dans mes mains, la charrue versant n'aurait pas tiré
les cordeaux qui ont attiré les chevaux par leur partie la
plus faible et les ont fait tomber dans le ravin. Je le répète, le
l'ai échappé belle cette fois ; mais, à l'avenir, je prendrai
toutes les précautions nécessaires pour ne pas m'exposer
au danger.

J'ai remis toutes mes affaires à place et j'ai recommencé
un second sillon. Voilà que ma charrue va trop profondément dans la terre ; je la déterre ; je continue à labourer :
ma charrue prend un trop large sillon ; je ne retournais
plus entièrement la terre ; je fais tous mes efforts pour le
faire, et je ne peux y parvenir. Il passe un beau monsieur,
je le prie de me renseigner ; il me répond qu'il ne sait pas
ce que c'est que labourer la terre. Un cultivateur qui n'é-
tait pas bien loin de moi, voit mon embarras et vient me
trouver. Il examine ma charrue et mon travail, et il me
dit qu'il y a des flottes entre les moyeux et la charrue,
qu'il faut les ôter et les mettre au bout de l'essieu de
chaque côté ; que je viens sans doute de labourer dans une
pièce en côte de binotis, et il faut les mettre en dedans,

afin de faire prendre assez de sillon à la charrue, et qu'en ôtant ces flottes et les mettant vers les bouts de l'essieu, ma charrue irait bien, parce qu'il faut toujours que les roues soient un peu serrées, afin qu'elles ne vacillent pas, pour que le sillon porte partout la même largeur : c'est ce que j'ai fait à l'instant même. Ses chevaux se battaient; il a été obligé d'y courir.

J'ai continué à labourer; mon travail se faisait à peu près bien; mais mes chevaux avaient beaucoup de mal et moi aussi pour contrarier la charrue, parce qu'elle prenait trop de sillon. Enfin, voilà mon guide qui vient; j'étais content de le voir arriver, parce qu'il allait me soulager; mais, d'un autre côté, je craignais de recevoir des reproches, pour avoir commencé mon premier sillon trop loin de la crête du rideau, pour avoir versé ma charrue dans le petit ravin, pour avoir gâté le peu de travail que j'avais fait, et pour ne pas en avoir fait plus; enfin, le voilà arrivé. Il me dit qu'il a été retenu; je lui conte comment la charrue avait versé et comment je ferais à l'avenir. Il m'a répondu : très bien. Je lui ai dit que le cultivateur à côté venait de venir, et qu'il m'avait dit d'ôter les flottes qu'il y avait en dedans des moyeux; que c'était ce qui m'empêchait de bien labourer; sur ce, il me dit : lorsqu'on laboure en côte la charrue cherche toujours à sortir du sillon, à cause de la pente; la terre se retourne mieux qu'en plaine et plus facilement. Lorsque la charrue ne prend pas assez de sillon, principalement dans les binotis, on met une petite flotte entre le bout du moyeu et la charrue, afin qu'elle prenne un plus grand sillon, et, pour le même sujet, on baisse un peu le coutre. Mais lorsque l'on change de pièce, et que l'on va dans une terre qui n'a pas encore été labourée, ou en plaine, on ôte les flottes; on les met au bout de

9.*

l'essieu en dehors, et on relève un peu le coutre pour ne pas prendre de trop grands sillons; et, d'un autre côté, on laboure toujours un peu plus profond en plaine, et principalement dans les fonds. Je l'ai remercié en lui assurant que je retiendrais bien tout ce qu'il m'avait dit, et que j'aurais soin de le mettre en pratique. Il est resté avec moi jusqu'à la fin de la journée, en causant sur les moyens de bien cultiver.

Février 25. — Il faisait assez beau temps. Ma maîtresse m'envoie chercher de la cendre à Amiens et me dit de disposer le chariot, afin qu'il ne me manque rien, ce que je fais selon moi. Je mets : paillasson, avoine, fourrage hézet, dans le chariot; je dispose bien tous mes harnais; je les passe en revue pour voir s'il n'y manquait rien; je les graisse; j'arrange bien mes chevaux; je les fais ferrer presque tous à neuf, parce qu'il y avait longtemps qu'ils ne l'avaient été. Tous les cultivateurs savent que presque tous les chevaux qui n'ont presque rien fait l'hiver, en faisant une quinzaine de lieues dans un jour, s'ils étaient mal ferrés ou de longs pieds ils seraient très exposés à devenir fourbus en route ou en rentrant de leur voyage. Je fais quelques autres petits préparatifs que les besoins personnels seuls nécessitent, et que je crois inutile d'expliquer. L'heure fixée pour le départ arrive. Tous les voituriers se disposent et moi aussi; nous partons à une heure du matin, et je croyais que c'était un jour de fête pour moi; nous marchons deux ou trois heures sans nous arrêter. J'entends mon chariot qui siffle; je ne comprenais pas très bien ce que c'était; je le demande à un de ceux avec qui j'étais. Il me demande de suite si j'avais graissé mon chariot ou plutôt les essieux la veille, avant de partir; je lui ai répondu que non; tu ne pourras pas aller plus loin sans graisser, me dit-il. J'ai ajouté que je ne savais pas que c'était aussi utile ; que du reste je n'y avais pas réfléchi. Il me dit que, quoique le chariot soit à vide, je ferais bien de le faire graisser chez le premier maréchal pour ne pas couper les essieux, qu'il m'aiderait ; ce que j'ai fait, et, en peu de temps, nous avons eu graissé les roues de mon chariot ; nous sommes allés sans aucun détour au magasin à cendre pour charger. Nous avons dételé chacun nos chevaux ; nous avons mis nos chariots en place pour pouvoir les mener au chargement chacun à leur tour. On a commencé à charger par un de mes amis ; le tour de mon chariot est arrivé. Je suis resté dans le magasin avec le maître pour compter exactement les sacs qu'il chargeait pour mon compte. J'ai sorti immédiatement mon chariot du magasin ; afin d'être certain qu'on ne m'enlèverait pas de cendre et pour pouvoir assurer à mon maître que j'avais exactement ce que j'avais payé de cendre.

Lorsque le dernier chariot a été chargé, nous quittons le magasin afin de rejoindre notre hameau. Arrivé à la première forte côte, je vais pour serrer la mécanique de mon chariot, je n'en avais pas, et le chariot était arrangé pour charrier du fumier ; j'ai oublié de le mettre ou j'ai plutôt oublié de le rappeler à mon guide, parce qu'il devait être plus au courant que moi de ce qu'il fallait et des côtes qu'il y avait à descendre dans le trajet que nous avions à parcourir. Je ne veux et ne peux pas entreprendre de descendre une côte aussi rapide que celle-là, sans que ma voiture ou plutôt mon chariot soit enrayé. Mes camarades arrêtent, sous l'observation que je leur ai faite, nous convenons de lier une roue et de l'empêcher de tourner ; et que je pourrais facilement descendre la côte. Un de mes amis avait une longe ; nous lions la roue le mieux possible ; nous voilà tous partis ; arrivés presqu'au bas de la côte la roue liée s'accroche à un gros caillou ; elle donne une forte secousse ; la longe casse ; le chariot pousse les chevaux avec une telle rapidité que je ne puis plus les guider, ni les tenir. Ils partent au galop et vont verser le chariot contre un gros tas de terre qu'il y avait sur un des bas côtés de la route. J'ai eu la chance que le chariot est tombé sur la route , sans qu'il y soit rien arrivé de fâcheux aux chevaux, ni au chariot. Malgré cela il me semblait que j'étais le jouet de la fatalité. Mes camarades m'ont remis un peu, en me faisant comprendre les dangers auxquels j'étais exposé, et me disaient : de quoi te désoles-tu ? tu pouvais être tué ; tes chevaux pouvaient l'être aussi ; tu n'as même pas une égratignure ; ton chariot pouvait être brisé; il n'a pour ainsi dire rien : ta cendre pouvait tomber dans un ravin ou dans un trou à l'eau : tu n'en perdras pas dix litres ; ne te lamente pas mal à propos; nous allons t'aider à recharger ; il y a là des ouvriers; avec des mannes et des outils, ils vont nous aider ; ne pleure plus ; remercie plutôt le Dieu des chartiers de t'avoir conservé et ton équipage, ainsi que toute ta cendre. Comme ils terminaient, un de mes camarades avait appelé des ouvriers ; ils arrivaient; nous avons redressé le chariot et nous avons rechargé les cendres en peu de temps. J'ai payé et remercié les ouvriers , et nous sommes repartis. Je me suis dit que j'étais heureux dans mon malheur; que l'oubli fait de la mécanique ne venait pas entièrement de moi, qu'en outre je ne connaissais pas la route. Je suis parti en remerciant Dieu de m'avoir protégé. Je n'ai cependant pas pu m'empêcher de dire que je ne ferais plus un seul pas sans mécanique à mon chariot, et que je m'assurerais si elle était toujours en bon état. Le retard que nous a causé cette affaire nous a fait coucher en route. Mon maître n'a pas été trop inquiet parcequ'il savait que j'étais en bonne compagnie. Il a été singulièrement dérangé; lorsque je lui ai appris le nouvel accident qui m'était arrivé; il ne m'en a pas fait de reproche.

Le lendemain de ma rentrée, nous avons semé les cendres; mon guide m'accompagnait. Nous avons commencé à cendrer les pièces les plus à portée de la route, afin de pouvoir conduire nos cendres sans être obligés d'aller emprunter des chevaux. Mon guide ne semait pas de cendres; il n'y avait que les moissonneurs; il examinait s'ils semaient bien; j'emplissais les paniers dans le chariot pour éviter un homme de journée à mon maître; j'examinais en outre comment le travail s'exécutait. J'en avais environ soixante hectolitres dans mon chariot; nous avons cendré sept journaux de terre destinés au blé et à la minette.

Le vingt-huit nous sommes tous retournés chercher de la cendre. Pour cette fois je n'ai pas oublié de graisser les essieux de mon chariot. J'avais eu soin aussi de disposer la mécanique pour m'assurer si elle était solide et s'il n'y manquait rien. Elle était très bonne; mais les sabots, qui étaient en bois, se trouvaient en partie usés. J'en ai informé mon maître, qui m'a dit d'en faire mettre d'autres. Le lendemain, comme je viens de le dire, nous sommes retournés chercher de la cendre. J'ai encore eu bien soin d'être présent au chargement de mon chariot, pour m'assurer si on mettait bien la mesure pleine, et si on ne me trompait pas dans le nombre de sacs. Mon voyage à très bien réussi cette fois, et j'ai été très satisfait. Nous avons semé la cendre quelques jours après parceque le vent était trop grand le lendemain; il aurait dispersé la cendre dans les pièces des voisins. Nous avons attendu un jour plus favorable; nous avons cendré de l'hivernache, de l'orge, où il y avait de la lentille. Nous avons cendré un peu plus de terrain qu'avec le premier chariot.

J'ai continué à labourer pendant quelque temps les terres qui n'avaient pas été binotées avant, ni tournées pendant l'hiver. J'ai aussi achevé d'enterrer les fumiers chariés pendant la même saison, avant de faire tout autre chose, parce que le mois de mars est peut-être le plus à craindre, car les fumiers se dessèchent vite à cette époque. Les temps secs qu'il fait en mars et avril, peuvent enlever aux fumiers épars sur la terre, en deux ou trois jours, tous les engrais et le sel qu'ils possèdent, et qui sont si utiles à la végétation de la plante. Si on les laissait sécher, on croirait sa terre fumée et en bon état, tandis qu'elle ne le serait pas puisque le soleil et le vent auraient enlevé tous les sucs qu'ils possédaient.

Mars 10. — Il avait fait quelques jours de temps sec avant le dix mars. C'est ce jour que mon guide me dit qu'il faut aller disposer la terre pour semer des œillettes. Nous partons avec quatre chevaux. Il en met trois à la herse de fer qu'il a conduits les deux ou trois premiers jours. Je suivais derrière avec le quatrième cheval et ma herse de bois avec laquelle je ploutrais la terre pour casser les roques et secouer les mauvaises herbes. Il faisait déjà sec ; la terre avait été labourée quelque temps avant pour enterrer le fumier ; la herse n'était pas assez pesante pour arranger la terre comme mon guide le désirait. Il me dit de prendre une vieille roue de charrue ou un petit hezet qu'il avait apporté en cas de besoin, de la mettre sur la herse ; de mettre un peu de gazon dessus ou un peu de long fumier et quelques grosses roques, ce que je fis, et je fus tout surpris que les roques se cassaient, et que l'herbe à mauvaises racines se secouait tellement fort qu'il n'y restait presque plus de terre. Nous avions continué ce travail pendant deux ou trois jours. Aussitôt que nous avions convenablement arrangé une pièce, nous allions dans une autre, afin de ne pas trop laisser sécher la surface de la terre dans la dernière pièce, et lorsque cette dernière pièce a été à peu près préparée, nous sommes revenus à la première. La surface et le fond du labour s'étaient séchés. Mon guide a remis sa herse de fer sur les dents. Il a hersé; la terre s'arrangeait à souhait. J'ai été bien surpris de voir que les chevaux n'avaient pas la moitié autant de mal que la première fois, quoique les dents de la herse se soient enfoncées bien plus profondément dans la terre que les premières fois qu'il l'avait hersée. J'en ai fait l'observation à mon guide qui me dit: ce n'est pas surprenant, nous avons mélangé, il y a deux ou trois jours, de la terre sèche avec de la terre humide; il a fait sec depuis ; la terre sèche a pris l'humidité. La terre que nous avons laissée humide dans le fond a séché parce que la terre sèche lui enlevant de l'humidité l'air pouvait facilement y pénétrer attendu que la terre avait été remuée. Elle a séché par deux moyens dont elle était privée, si nous n'avions pas cultivé. C'est ce qui donne une aussi grande facilité aujourd'hui pour l'arranger; voilà ce que l'on est obligé de faire lorsque l'on n'a que des petites pièces à cultiver. Il faut les quitter en pareil cas et y revenir deux ou trois jours après. Les grands propriétaires ou fermiers n'ont pas cette peine ; leurs pièces sont grandes ; ils ne les hersent qu'une fois par jour ; la terre a le temps de faire, en la travaillant ce que nous venons de lui laisser faire. Nous avons été obligé d'y revenir pour que notre terre soit aussi bien que la leur ;

nous sommes les domestiques d'un petit fermier, nous
devons faire tout ce que nous pouvons pour que sa terre
soit aussi bien arrangée que celle d'un grand propriétaire
ou fermier, afin qu'elle donne une récolte aussi avanta-
geuse.

J'ai remercié mon guide du bon conseil et de la bonne
idée qu'il me donnait et je lui ai dit que jamais je ne l'ou-
blirais. La terre à semer des œillettes était convenablement arrangée ; mon guide a pris un rouleau ; il a roulé les
terres avec deux chevaux ; il m'a fait suivre derrière en
hersant avec deux autres ; il a roulé et je hersais toutes les
pièces jusqu'à ce qu'elles aient été convenablement disposées à recevoir les grains, il a roulé une fois que je n'ai pas
hersé pour que le semeur jette plus facilement les grains
dessus la terre, et qu'ils s'épandent mieux. Pendant le
temps qu'il a semé, nous avons arrangé une autre pièce
pour ne pas le déranger, et ainsi de suite jusqu'à la dernière. La dernière pièce arrangée ou disposée de manière
à recevoir les grains, mon guide est revenu à la première
pièce pour enterrer le grain. Il m'a fait prendre ma herse et
m'a indiqué ce qu'il fallait faire et comment il fallait enterrer le grain ; ce que j'ai fait. Aussitôt que nous avons eu
terminé nous sommes revenus à la ferme.

Nous pensions pouvoir aller le lendemain disposer
la terre destinée à semer du lin. Il a fait une petite pluie
la nuit, qui nous en a empêché. Nous avons commencé
à herser un peu d'autres terres, soit pour planter des pommes de terre, soit pour semer des fèves, ce qui dura pendant trois ou quatre jours, parce que la pluie qui tomba,
quoiqu'elle n'ait pas été très abondante, l'était cependant
assez pour nous empêcher d'aller dans les terres destinées
à ensemencer le lin. Il revient un jour de beau temps ; nous

nous disposons à aller arranger le lendemain les terres disposées à ensemencer du lin.

17 *Mars*. — C'est le dix-sept mars que nous partons pour arranger les terres à lin. Il faisait un temps magnifique. La petite pluie qu'il avait fait, mêlée d'un peu de neige, avait considérablement radouci le temps, en comparaison des jours précédents : nous nous pensions dans les beaux jours d'été. Nous arrivons à la pièce ; nous craignions que la terre ne soit aussi dure qu'elle l'était quelques jours auparavant dans les terres à œillettes. A notre grande surprise, nous la trouvons très-douce, et pas plus humide dans le fond qu'à la surface. Mon guide me dit me voilà bien surpris, Nicolas ; cette terre va s'arranger comme de la cendre. Le labour que l'on fait avant les gelées, lorsque la terre est nette, vaut toujours mieux que celui que l'on fait après. Les gelées font mourir l'herbe et mûrir la terre, et elle s'arrange toujours mieux. En outre les beaux temps qu'il a fait, il y a quelques jours, ont séché la terre assez profond et la petite pluie qu'il a fait pendant les deux ou trois derniers, en ont radouci la surface. Je suis certain que si les œillettes n'étaient pas semées, nous aurions bien moins de mal pour les arranger, quoiqu'il en soit je crois qu'elles sont bien ; nous avons bien fait sécher la terre ; nous n'avons pas renfermé l'humidité ; la terre a eu le temps de se bien sécher pendant trois ou quatre jours que nous l'avons remuée et je crois aussi que si on y passait aujourd'hui on trouverait la terre très-douce, que les petites roques que nous y avons laissées sont fondues comme de la chaux pendant la petite pluie qu'il a fait. En outre on ne peut pas tout faire dans un jour, il faut profiter du beau temps lorsque le moment de la semaille est arrivé. Il nous en reste assez à faire ;

10.

tant mieux s'il fait beau. Pendant le temps que mon guide me disait cela nous disposions chacun nos instruments ; nous avons commencé à herser notre pièce de terre.

Mon guide marchait toujours en avant ; je le suivais derrière avec un cheval et une herse ; mais la pluie qu'il avait fait, avait tellement adouci la terre que ma herse amassait par certains moments, un peu de poussière et un peu d'herbe. J'ai été obligé de tenir la herse derrière avec une longe, de la soulever de temps en temps, afin qu'elle ne fasse pas un amas de terre et d'herbe. Le cheval aurait eu plus de mal, et la terre ne se serait pas si bien arrangée si je ne l'avais pas débarrassée de ce qui lui était nuisible et qui empêchait sa marche. Nous marchons jusqu'à l'heure du déjeuner. Mon guide me voyant fatigué de porter pour ainsi dire la herse sur les bras me dit de prendre les trois chevaux qu'il conduisait, que j'aurais moins de mal et qu'il ferait marcher celui que j'avais. Me trouvant très-fatigué, j'accepte. Je conduis donc les trois chevaux et la herse avec les dents en fer ; je fais quelques sillons ; il me semble que c'était facile ; je laisse retourner mes chevaux trop court à gauche ; la herse se renverse sur le dos ; elle tombe presque sur les chevaux, la chaîne se casse ; il faut arrêter et remettre la herse à place. Je prends encore cela pour un accident ; je ne veux plus conduire les trois chevaux. Mon guide me dit que ce n'est rien, que cela lui est arrivé plusieurs fois et qu'il faut que je continue le travail que je faisais ; j'y consens tant par obéissance que dans le but de m'apprendre à cultiver ; mais comment faire sans chaîne à herse me suis-je dit ? Mon guide prend aussitôt la chaîne de la herse dont il se servait pour la herse avec un cheval, qui était assez bonne, il la met en place de la mienne, il prend ensuite la longe de mon cheval qui était de cordeau, lie le tracier de son cheval à la herse qu'il conduisait. Il me dit : voilà ce que l'on fait, lorsque l'on est mal pris ; continue, je te suivrai ; j'ai exécuté ses ordres. Il me dit : nous ferons réparer la chaîne à midi au maréchal, ou nous prendrons un petit bout de longe de fer, si nous n'avons pas de chaîne convenable, parce qu'une longe en corde s'userait trop vite ; nous continuons. Les instruments marchaient aussi bien qu'avant ; je n'y pensais presque plus. Nous terminons notre pièce. Il y avait un rideau d'un bout, je veux herser ce que je n'avais pu faire parce que le rideau m'en empêchait. Je tourne et j'avance le long du rideau ; j'approche trop près ; la dent du coin de la herse s'enfonce dans la petite prairie qui n'avait pas été labourée ; les chevaux tirent et ils cassent la dent ; j'arrête court pour ne pas en casser plus. Mon guide me demande ce qu'il y a de cassé ; je lui dis en tremblant, je crois que c'est une dent. Il avance vers moi et il reconnait que le fait est exact. Il me dit : mais tu pouvais bien casser le coin de la herse, et, si tu avais avancé encore un pas, tu pouvais casser la herse entière. Il faut avoir bien soin, à l'avenir, lorsque tu te serviras d'une herse de fer de ne pas l'utiliser dans les prairies, telles petites qu'elles puissent être, soit sur les bords d'un rideau en dessus ou en dessous, soit que tu traverses un petit courant d'eau ou bien un ravin, voire même un petit sentier. Il faut toujours, si on espère pouvoir passer, aller doucement, mais on ne laisse jamais entrer les dents de la herse dans les prairies, ce qu'il faut aussi avoir soin d'éviter lorsque l'on traverse un chemin, parce que l'on est toujours exposé à briser l'instrument. Il faut aussi éviter les bornes n'importe avec quel instrument aratoire parce qu'il est rare qu'il ne se brise pas en les touchant. C'est une perte de temps, une dépense pour le maître et une confusion pour le chartier ; n'oublie pas ce que je viens de te dire. Tandis qu'il me disait cela il avait enlevé la dent de la herse ; il l'avait placée contre son tracier pour ne pas l'oublier. Il me dit de continuer, ce que j'ai fait.

Je me disais, en marchant : mais qu'il faut avoir des soins pour faire ce métier ! j'en prends, selon moi, considérablement, et je me trouve encore souvent en défaut ; je ne sais pas ce que je ferais si ce bon père qui me guide, et qui est constamment avec moi, n'y était pas ; je ne pourrais pas faire un pas sans briser quelques instruments et après je ne pourrais plus rien faire, que deviendrais-je si je venais à le perdre ? pendant le temps que je faisais ces réflexions nous marchions toujours. Le travail à faire dans la pièce où nous étions s'est exécuté ; nous sommes retournés à la ferme ou nous avons fait réparer nos instruments.

C'est le dix-huit mars que nous avons définitivement arrangé nos terres destinées à semer de la graine de lin. Nous les avons arrangées avec facilité, le temps qu'il avait fait avant avait contribué beaucoup à ce qu'elles s'arrangeassent très-bien ; il nous a donné aussi la facilité de les ensemencer et de faire périr ce qu'on peut dire à souhait les herbes qu'il y avait à la surface de la terre. Malgré les petits accidents qui me sont arrivés, je suis rentré satisfait à la ferme le jour où nous avons terminé les semailles de lin, ce qui eut lieu le dix-neuf mars.

Je ne crois pas devoir taire un entretien que mon guide a eu le jour que nous avons terminé cette semaille avec un domestique d'un des fermiers voisins de la ferme de mon maître. J'en rapporterai la suite avant de parler d'autre chose.

Comme nous revenions avec tous nos ustensiles aratoires propres à semer le lin et les œillettes, le domestique en question nous rejoint ; il dit à mon guide,
en l'appelant par son nom, eh bien, un tel, on dirait à
vous voir retourner à la ferme que nous sommes à la Tous-
saint, que votre année est faite, que vous avez semé vos
blés, orges, hivernaches, et que vous voulez mettre tous
vos ustensiles aratoires à sec pour passer l'hiver. Il lui
disait d'un ton un peu railleur en lui faisant comprendre
qu'il était de trop bonne heure pour semer les œillettes et
le lin. Il lui dit de plus : est-ce que vous pensez que le bon
Dieu est mort et qu'il ne sera plus temps dans huit jours
de faire la semaille que vous venez de faire ? Mon guide
lui a répondu : je suis loin de penser que le bon Dieu soit
mort ; il ne doit même pas mourir ; ce n'est pas cela qui
nous a fait activer notre travail ; mais, quoique le bon
Dieu ne soit pas mort, il n'est pas engagé à nous envoyer
le temps que nous voulons ; il ne saurait à qui plaire.
Nous devons profiter du beau temps qu'il nous envoie
pour faire nos semailles, lorsque le moment est arrivé,
parce que le jour de demain ne nous appartient pas,
et, lorsqu'il nous appartiendrait, nous ne savons pas s'il
nous sera propice. Quant à nous, nous nous sommes con-
formés aux ordres de notre maître en exécutant ce qu'il
nous a commandé de faire, et le bon Dieu fera le reste.

Pendant le temps qu'a duré la conversation, nous sommes
arrivés près de la ferme ; nous avons souhaité le bonsoir à
notre interlocuteur ; nous sommes rentrés à la ferme pour
mettre nos chevaux à l'écurie et leur donner ce qui leur
était nécessaire ; nous avons soupé en expliquant à notre
maître ce que nous avions fait depuis quelques jours sans
lui faire part des nouveaux accidents qui m'étaient arrivés.

10.*

Mars 20. — Nous nous levons le lendemain de bon matin et nous sommes surpris de voir tomber de l'eau. Il faisait une petite pluie comme cela arrive souvent dans les premiers jours de mai ; elle était assez forte pour bien tremper la terre et empêcher d'arranger les terres à semer les œillettes ou lins. Je dis de suite à mon guide : eh bien, notre oracle d'hier soir n'est pas certain de semer des lins dans huit jours et même dans quinze ; ceux de notre maître sont toujours semés ; la terre était bien sèche elle ne se rebattra pas ; pour le peu que ce temps continue les œillettes et le lin vont lever ; mais lui, il ne sait pas lorsque celui de son maître lèvera, à moins que ce ne soit dans son grenier ; nous avons bien fait d'activer ; nous sommes tranquilles de ce côté là ; nous pourrons faire autre chose, lorsque la pluie sera passée.

Vers huit heures du matin la pluie a cessé. Mon guide me dit qu'il serait bon de charrier du fumier ; qu'il y a bientôt deux mois que nous n'avons pas charrié ; qu'il en manque encore un peu dans une pièce où l'on doit semer des fèves dans quelques jours, et qu'il y a une autre pièce que l'on doit ensemencer sous peu, qui en a aussi besoin ; qu'il serait bon de la fumer de suite. Je consens bien volontiers à ce qu'il me dit. Il m'envoie chercher les moissonneurs pour charger, ce que je fais. Ils chargent la voiture, ce n'était pour ainsi dire que de la paille un peu mouillée ; nous attelons les quatre chevaux. Mon guide me dit : ce fumier est trop long pour mettre dans une pièce à ensemencer de suite ; il faut le mener dans une pièce pour pousser en jachère. Il me désigne une pièce qui n'était pas éloignée de la ferme, et qui était très petite. Il me dit que j'irais bien seul ; je pars avec les chevaux et la voiture ; le chemin était bon, mais un peu en côte avec une assez forte pente.

J'arrive dans un endroit où il existait de la craie. Il y avait des ornières, mais sans boue dedans. En suivant le frayé, mes chevaux glissaient ; ceux de derrière ne pouvaient pas tirer : la flèche les empêchait de se mettre dans le bon chemin ; ceux de devant se poussaient et employaient pour ainsi dire toute leur force pour ne pas tomber dans l'ornière. Mes chevaux poussaient tellement fort l'un contre l'autre que j'en ai eu pitié. Pour leur épargner du mal je les ai fait mettre à côté d'une ornière. Je laissais l'ornière entre deux chevaux. J'ai marché quelques pas de cette manière avec assez de facilité. Quelques pas plus loin, je vois un trou proche de moi où ma roue allait tomber dedans. Je prends au même instant mes mesures pour l'éviter. Je claque un coup : mes chevaux avancent rondement. Je crois que ma roue va passer à côté. Deux pas avant d'arriver au trou, la voiture décharie ; la roue va y tomber ; la voiture verse contre un côté du trou qui n'était pas très profond ; j'appelle des braves gens qui n'étaient pas bien loin de moi ; ils sont accourus ; ils ont enlevé le fumier de la voiture, m'ont aidé à la redresser ce qui a été fait en un instant. Je suis retourné à la ferme.

En retournant je me lamentais de nouveau et je me disais que toutes les afflictions semblaient fondre sur moi. A quoi étais-je encore exposé ? J'avais la charge d'un mauvais cheval ; j'en avais quatre bons ; je viens de manquer de ne pouvoir marcher dans un chemin qui ne monte presque pas, qui est pour ainsi dire en plaine, et si le trou dans lequel j'ai versé ma voiture avait été plus grand je tuais quatre bons chevaux à mon maître, et cela de ma faute, parce que je devais prévoir que, puisque les chevaux glissaient aussi facilement, en sortant les roues des ornières, le chemin

étant un peu en côte, elles glisseraient aussi, et que je ne
pouvais éviter le trou où je suis tombé, ou bien le petit
rideau qui longe le chemin un peu plus loin, et que je suis
encore fort heureux d'avoir versé si tôt. Si je n'avais pas
versé dans cette place, j'aurais pu tuer un peu plus loin
quatre bons chevaux à mon maître. J'aurais mieux fait, puisque mes chevaux pouvaient enlever la voiture dans le frayé,
de ne point les empêcher de reprendre de temps en temps et
d'avoir laissé mes roues dans les ornières; mes chevaux auraient eu un peu plus de mal, je ne les aurais pas exposés à
se faire tuer ni à briser ma voiture, ce qui aurait occasionné
une perte considérable à mon maître. C'était le cas de dire,
dans la nécessité, il n'y a pas de loi; il faut prendre autant
que faire se peut de la force où il y en a; j'ai très mal agi
en faisant sortir mes chevaux et mes roues du frayé; je l'ai
passé belle: c'est une leçon pour l'avenir. En disant ces mots,
j'arrivais à la ferme; mon guide me dit: es-tu arrivé à la
pièce à bon port? Je lui ai répondu que non; je lui ai à peu
près expliqué ce qui m'était arrivé de nouveau. Il me dit
qu'il fallait charger moins fort, et que j'arriverais plus
facilement à la pièce. Je pars; la pluie cesse, j'arrive dans
le chemin blanc; il était sec; je suis arrivé à la pièce sans
qu'il me soit arrivé rien de fâcheux; j'ai déchargé ma voiture, et je suis retourné charger dans la cour de la ferme.
Il pleut de nouveau. Je dis de suite aux chargeurs que j'ai
assez de fumier dans la voiture; je suis parti. Arrivé à la
côte blanche, j'ai accouplé mes deux chevaux de sous
verge un peu court, en passant leur longe dans les anneaux
de leur bride. Je les ai ensuite liés aux attelles des colliers
des porteurs; j'ai donné un coup de fouet à mes chevaux
avant d'arriver à la plus mauvaise place du chemin; j'ai
bien tenu mon cheval de cordeau; j'ai pris mon porteur

par la bride; je l'ai tenu par la tête, en la lui faisant élever un peu; j'ai parlé haut à mes chevaux en les animant; j'ai passé le mauvais pas comme si j'avais conduit une voiture à vide. Je suis retourné charger et j'ai donné connaissance à mon guide de ce qui s'était passé la première fois; je lui ai dit comment j'avais fait la seconde fois; il en a été satisfait. Il m'a envoyé les chargeurs pour mener le fumier à la pièce. Cette affaire ne nous a pas demandé une demi-heure de retard. J'ai continué, pendant quatre à cinq jours, à charrier dans d'autres pièces où mon guide m'envoyait; la petite pluie continuait toujours.

Malgré les petites pluies qu'il faisait, nous avons pu planter nos pommes de terre chaudes, semer nos fèves en jachère, enterrer les fumiers que nous venions de charrier, et labourer un peu de terres sales dans les mars, ce qui nous a occupé jusqu'au 5 avril.

Avril 5. — Le moment de semer les avoines arrivait, et, quoique le temps ait été un peu humide, nous avons hersé nos terres pour semer de l'avoine, ce qui nous a encore occupé huit jours, parce que mon maître aimait que ses terres à l'avoine soient bien démontées et bien arrangées, ce qui nous a coûté près de quinze jours de temps. Pour les enterrer au petit binot, nous avons dû herser un peu les terres où il y avait des fèves d'ensemencées et autres choses, et rabattre ce que nous avons semé d'avoine dans les premiers jours, parce que le temps continuait toujours à être pluvieux. Nous avons semé ce qui nous restait d'avoine dans des temps un peu plus humides. Ce n'est que le 20 avril que le temps s'est remis au beau. Nous avons rabattu les avoines avec une herse de fer et trois chevaux; j'avais le quatrième cheval pour conduire une petite herse;

je marchais tantôt derrière et tantôt devant les trois chevaux qui conduisaient la herse de fer, selon la position ou
le degré de culture où se trouvait la terre de chaque
pièce que nous arrangions. Je hersais ou ploutrais selon
les besoins de la terre, ce qui nous donnait la facilité de bien arranger la pièce de mon maître. Il a eu,
cette année-là, les plus belles avoines du terroir, et elles
étaient mûres les premières. Elles avaient été bien cultivées ; nous les avions ploutrées et roulées en temps ; nous
avons donné un petit tour de herse dans les fortes terres
un peu avant la Saint-Jean et toujours dans des temps
convenables, c'est-à-dire pas trop humides.

Avril 25. — Vers la fin d'avril, mon guide me dit que,
puisqu'il était dimanche, il était d'avis, lorsqu'il aurait fait
la litière de ses chevaux, qu'il les aurait bien pansés et
qu'il leur aurait donné à manger, d'aller voir les œillettes.
Il faut faire aux chevaux le dimanche ce que nous nous
faisons : nous nous lavons mieux qu'à l'ordinaire ; nous
nous faisons plus beaux. Il faut en faire autant à nos chevaux ; il faut leur donner à manger comme à l'ordinaire
en ménageant un peu le foin ; on nettoie bien l'écurie,
on la balaie bien, afin qu'il ne reste pas une seule crotte,
on fait ensuite une bonne litière de bonne paille ; on fait
l'avoine, et, lorsque les chevaux sont à l'écurie, on
leur fait bien le pansage. Comme je l'ai déjà dit, il con-
siste à les bien étriller partout, à prendre ensuite de
la paille que l'on tord dans la main ; d'abord on les
frotte sur tout le corps, afin qu'il ne reste pas de
boue sur eux ni aucune ordure ; on les frotte bien
au cou, à la tête, au poitrail et aux jambes, et c'est
ce qu'il faut avoir soin de faire avant d'entreprendre
le corps. On les étrille après, et, avec de la paille,

on secoue entièrement toute la poussière. On prend
ensuite un grand torchon comme un tablier de gar-
dienne de vaches bien propre, on leur secoue bien toute
la poussière qu'il y a sur eux; on leur jette ensuite
des gerbées à discrétion, qu'ils tirent hors du ratelier. Ils
maintiennent toujours leur litière dans un état convenable. Aussitôt qu'ils ont tiré un peu de paille, ils se
couchent et se reposent, et un jour de repos en cet
état, leur en vaut deux et même plus qu'étant sales et
mal couchés. Retiens bien, me dit mon guide, qu'il faut
bien arranger ses chevaux tous les jours, lorsqu'ils sont
pour travailler; mais il faut encore le faire mieux le jour
qu'ils se reposent La paille qu'on leur donne les rafraî-
chit et leur ouvre l'appétit. Ils se remettent bien de leurs
fatigues et s'en sentent toute la semaine; juges-en par
toi; vois si tu n'es pas bien plus leste lorsque tu es bien
lavé et que tu as mis des habits propres. N'oublie pas ce
que je te dis; panses bien tes chevaux, parce que tu ne
peux pas cultiver sans eux.

Comme il disait ces mots, le domestique qui était revenu des champs avec nous, vers le 20 mars, arrive pour
nous rendre une visite. Eh bien! messieurs les chartiers,
dit-il, vous êtes à faire votre litière et panser vos chevaux; vous avez le temps maintenant; toute votre besogne est faite; vos œillettes et vos lins volent au vent; vos
avoines sont semées et arrangées; nous, nous n'avons
presque pas encore rien de fait : nous n'avons pas semé
nos œillettes ni nos lins dans les premiers beaux temps;
depuis le moment que vous avez semé les vôtres, voilà
peut-être dix fois que nous les arrangeons; le lendemain
il pleut. Nous avons passé tout notre temps à cela; nous
n'avons encore rien de fait; nos chevaux sont fatigués de

passer dans les mêmes plans ; notre maître craint tellement
les pluies, qu'il n'a pas voulu que nous allions dans les terres
à lin. A force de herser la terre par un temps trop humide,
elle se durcit et ne sèche plus ; il n'est pas certain que mon
maître sèmera du lin cette année. S'il n'avait pas de graine
qu'il a achetée bien cher, il n'en semerait pas. Mon guide
l'écoutait attentivement, et il lui dit : Eh bien ! confrère,
le cultivateur ne tient pas le temps dans sa manche ; il
faut qu'il sache en profiter lorsqu'il se présente. Vous rap-
pelez-vous de ce que vous me disiez il y a six semaines ?
Vous ne vous attendiez pas à cela ; mais c'était possible ;
vous y croyez maintenant ; vous en avez la preuve ; allez,
il vaut toujours mieux deux heures d'avance qu'une de
retard ; nous allons allumer le tabac ensemble et après
nous irons, Nicolas et moi, voir si les lins sont beaux et
si les œillettes sont levées. Il lui répondit de suite : N'y
allez pas ; ils sont très-beaux ; je les ai vus hier. S'ils sont
beaux, j'aurai une plus grande satisfaction en les voyant,
et nous y allons, lui répondit mon guide.

Nous partons par un temps magnifique, laissant sans regret se reposer des chevaux qui venaient de faire de si
pénibles travaux et qui n'avaient joui d'aucun relâche
depuis près de deux mois. Si nous les avons laissés tranquilles, ce n'a été qu'à cause du trop mauvais temps, qu'ils
étaient obligés de racheter le lendemain en marchant dans
la boue, en traînant des instruments chargés de la même
boue, qui étaient trois fois aussi lourds à conduire qu'en
faisant le même travail par beau temps. Nous avons cependant la satisfaction d'avoir terminé notre semaille qui
était très-difficile, parce que nous n'avions pas les instruments que nous avons aujourd'hui qui donnent tant de
facilité à l'agriculteur ; ils n'étaient pas encore connus,

nous n'avions alors que de mauvais instruments mal faits, très-lourds à conduire, avec lesquels on ne faisait presque pas de travail.

Tout en causant avec mon guide, ce brave et digne serviteur que je regretterai toute ma vie, nous arrivons à la première pièce de lin semée ; nous la voyons, à notre grande satisfaction, plus belle que nous n'en avions encore vu. On s'apercevait que la terre avait été bien cultivée, qu'elle était nettoyée des mauvaises herbes qui sont si nuisibles à la jeune plante ; nous remarquons que le lin a été bien semé, et que l'ouvrier qui en a exécuté le travail l'a fait avec autant de goût que si c'eût été sa propriété. Nous remarquons que la graine était bonne, que le lin est assez dru. Nous avançons dans la pièce, et nous sentons sous nos pieds que la terre a eu une culture convenable. Nous savons que nous y avons mis une grande partie des engrais qui peuvent être nécessaires à la végétation. Il ne manque plus, me dit mon guide, que la bénédiction du Ciel sur cette jeune plante pour assurer une superbe récolte et un grand bénéfice à notre maître. Nous étions arrivés au bout de la première pièce, lorsque mon guide disait ces mots. Il ajouta : Allons voir les autres pièces de lin. Nous les trouvons à peu près conformes. Il me dit : Visitons également les pièces d'œillettes que nous avons ensemencées ; elles étaient aussi très-belles et la terre bien disposée. Au bout de la dernière pièce, mon guide me dit : N'est-il pas malheureux pour un si bon maître que nous avons, lui qui avait tant de goût à soigner ses terres et à conduire ses travaux, lui qui a fait des travaux et des dépenses innombrables pour mettre ses terres dans un parfait état de culture et d'engrais ; n'est-il pas malheureux de se voir privé de toutes ses délices, de tout ce qu'il aimait,

11.

à la fleur de son âge ; d'être obligé de mettre toute sa confiance dans des étrangers, lui qui était tous les jours le premier à ses travaux, lui qui savait activer sa culture pour se mettre à la tête de ses ouvriers pour faire faire, sous ses yeux, une grande partie du binage et du sarclage? N'est-il pas malheureux pour notre bon et brave maître de se voir couché, tandis qu'il éprouverait ici un si grand contentement, d'être rongé de mal, tandis qu'il se trouverait si heureux ici, lui qui avait tant de goût et de courage, et qui avait si bien amélioré ses terres? Oui, c'est une chose assurément fâcheuse pour lui et sa famille de se voir exposé à perdre un si bel avenir. Il peut mourir, notre cher maître, et tout le fruit de ses pénibles travaux passera dans des mains étrangères... Un si brave homme!... En prononçant ces mots, les larmes lui tombaient des yeux ; il continue, en me disant : Tu es jeune, Nicolas, tu verras sans doute tout ce que je te dis ; je suis vieux, je ne le verrai sans doute pas ; si j'ai le malheur de le voir, je crois que j'en mourrai de chagrin.

Tandis qu'il m'exprimait sa douleur, nous marchions et nous arrivions près de la ferme. Lorsqu'il eût achevé, nous y fîmes notre entrée. Il a fait un court détail à mon maître de la situation de ses terres et de l'espoir qu'il pouvait avoir dans ses récoltes. Mon maître en pleurait de joie. Il dit à mon guide : Je vous récompenserai des bons services que vous me rendez, et toi aussi, Nicolas, me dit-il ; vous pouvez y compter ; ayez toujours le même courage et la même activité. Nous l'avons quitté pour aller faire notre besogne en lui assurant qu'il pouvait compter sur nous.

La semaille de mon maître était à peu près terminée. Mon guide me dit qu'il faut aller herser les terres qui doivent être poussées en jachère, lesquelles n'avaient encore été binotées ou tournées qu'une seule fois, ce que nous faisons. Il me dit: prends avec les deux plus petits chevaux, une petite herse de fer, et il s'est emparé avec les deux plus forts chevaux de la herse dont il se servait le plus ordinairement pour démonter les terres à lin et autres. Nous avons hersé pendant quelques jours, sans qu'il me soit arrivé aucun inconvénient, jusqu'à ce que le travail ait été fini. Les leçons que j'avais déjà reçues m'ont laissé croire que j'étais hors de tout danger; j'avais la conviction que je pourrais cultiver seul. Le temps était encore au beau; mon guide m'envoie rouler les lins. Au lieu de commencer par la pièce qu'il avait entamée pour y semer les lins, j'en ai entrepris une autre; je les connaissais toutes. Il n'y avait, selon moi, aucun inconvénient. Je marche d'une pièce à l'autre, sans rien craindre; mais il y avait une petite descente à franchir en arrangeant les terres et en semant les lins; je ne me suis aperçu que j'avais pris le sens inverse qu'étant arrivé à cet endroit. Je ne veux pas retourner sur mes pas; j'ai l'espoir de réussir; je descends de cheval; je le tiens par le cordeau; je me mets derrière le rouleau pour le retenir; je fais avancer mon cheval et je tiens mon rouleau : je marchais assez bien. Je me suis fatigué de retenir. Arrivé dans l'endroit le plus rapide de la pente, je me sens emporté par le poids de l'instrument; j'ai été obligé de le lâcher; il est aller heurter contre la jambe de mon cheval, qui s'est épouvanté et qui, poussé qu'il était par le rouleau, est parti au galop. J'ai voulu le retenir; il a cassé ses rênes; je suis resté avec elles et le cordeau dans les mains; j'ai vu le cheval partir au grand galop avec un rouleau à sa suite. Cet instrument si difficile à conduire malgré toute les précautions que le charretier peut prendre, accroche encore souvent les rideaux dans les champs.

Me voilà donc exposé à de nouveaux malheurs : le cheval peut se tuer ; il peut en tuer d'autres en les rencontrant dans les chemins avec cet instrument assommant qui ne permet à personne d'arrêter le cheval sans s'exposer à un grand danger. Il peut tuer les enfants des habitants du hameau qui courent dans les rues, et même de grandes personnes. Ces pensées me faisaient frémir, que ferais-je, me disais-je? Après bien des réflexions ; je me détermine à le suivre, en songeant que je suis seul la cause des accidents qui sont sans doute arrivés, parceque je pouvais prendre dans les terres. On passe partout avec un rouleau dans cette saison ; mon rouleau ne se serait donc pas emporté sur mon cheval ; il aurait suivi une pente dure et rapide ; mon cheval ne serait pas parti épouvanté par le bruit du rouleau, et poussé par les coups qu'il lui donnait. Le rouleau suit sans doute encore le cheval qui ravage tout ce qu'il rencontre sur son passage. Je me détermine enfin à partir, en proie à la plus cruelle angoisse et versant d'abondantes larmes, je me disais : il faut que je voie la fin de mes malheurs ; j'aurais préféré avoir été brisé par le poids de l'instrument ou par la vitesse avec laquelle il marchait, au lieu de me voir dans une pareille position. Je cours sur les traces du cheval et du rouleau en sanglottant ; je rencontre une personne qui me demande ce que j'ai ; je le lui dis; elle me répond : j'ai vu le rouleau à peu de distance d'ici dans une cavée ; le cheval n'y était plus ; j'ai vu des traces de sang sur la monture du rouleau. A ces mots j'ai frémi et je me suis dit : toutefois, ce n'est pas du sang humain ; je cours, j'arrive au rouleau ; je n'avais vu personne sur la route, c'est ce qui m'a rassuré un peu ; la monture du rouleau n'y était plus qu'en partie. J'avance encore un peu plus loin ; je trouve encore un morceau de la monture tâché de sang ; je cours toujours, j'en trouve un autre morceau de la même manière : je me dis mon cheval est sans doute estropié ; il sera probablement mort lorsque j'arriverai à la ferme ; je fais encore quelques pas en courant, et je trouve encore une autre pièce de la monture du rouleau qui était la dernière, et toute la monture était brisée. J'arrive à la ferme, mon cheval était rentré en laissant des traces de sang derrière lui. Je me disais qu'il serait sans doute grièvement blessé qu'il pourrait en mourir; perdre un si bon cheval me disais-je quoique je dusse être un peu remis en voyant que rien d'aussi fâcheux que je le présumais n'était arrivé, je ne pouvais pas me rassurer. La pensée des grands dangers auxquels j'avais été exposé ne me quittait pas. Je vais voir mon cheval ; il saignait très-fort ; il s'était blessé aux cuisses. Il s'était en outre fait plusieurs écorchures. Le sang coulait abondamment de ses blessures. Ma maîtresse vient me trouver en me demandant ce qui s'est passé. En la voyant venir je me suis mis à pleurer de nouveau ; elle me dit : « Explique moi ce qui vient de se passer. » J'accède à son désir. Elle me dit : « Console toi; il n'est pas arrivé de grands malheurs; tu auras plus de précaution une autre fois ; il ne faut pas le dire à ton maître, crainte de le déranger ; va mettre les pièces de ton rouleau sur le bord du chemin. Lorsque ton guide sera revenu, nous lui enverrons chercher le rouleau et la monture ; il la fera réparer ; repose-toi un peu en l'attendant. » Je ne pouvais m'empêcher de pleurer en disant que c'était ma faute; mais les bontés que ma maîtresse avait pour moi me calmèrent un peu. Je suis allé, en attendant la rentrée de mon guide, m'enquérir des dégâts qu'il y avait tant

11.*

au rouleau qu'à la monture. Les barres du rouleau étaient brisées ainsi qu'une pioche et une mortèse. Je suis retourné à la ferme ; mon guide rentrait. Il s'est douté, en me voyant, de ce qui venait de m'arriver. Nous sommes allés avec la voiture chercher le rouleau et la monture qu'il a fait réparer,

Le lendemain le rouleau était réparé ; le cheval ne se sentait pas, autant que je le craignais, de ses blessures. Mon guide m'en a donné un autre pour aller rouler dans la crainte que celui que j'avais ne s'épouvantât de nouveau ou qu'il ne me fît un nouveau tour. J'ai bien pris mes mesures pour éviter les pentes trop rapides ; j'ai pu rouler les lins et les œillettes sans qu'il me soit arrivé aucun nouvel accident. Les jachères étaient hersées, nos lins et nos œillettes roulés. Nous avons semé nos fèves et la vesce en mars, ce qui nous a occupé deux ou trois jours, ensuite nous avons commencé à gacrer les terres restées sans être ensemencées. Il faisait beau, nous avons gacré avec quatre chevaux les terres bieffeuses ou calcaires, où il n'y avait pas de minette ; ensuite, nous avons agi de même pour les grandes pièces où la terre était douce. Mon guide m'expliquait la manière de cultiver la terre. Je commençais à comprendre un peu le travail ; il me laissait aller quelquefois seul ; il se reposait parce qu'il était déjà assez âgé ; il commence un jour une pièce où il y avait un chemin par lequel d'autres cultivateurs avaient charié fumier ; le lendemain il se trouve retenu pour affaire à la ferme ; je pars à l'heure ordinaire ; il me dit qu'il va me suivre ; l'affaire ne s'est pas terminée aussi vite qu'il le pensait ; je laboure toujours en l'attendant, j'arrive au chemin dont je viens de parler, la pointe de mon fer était bonne et la charrue s'y enterrait fort avant ; je passe dans ce chemin sans qu'il ne m'arrive rien ;

pourtant une fois la roue de ma charrue s'enfonce dans une ornière que les voitures avaient faite en chariant du fumier. Ma charrue s'enterre plus fort ; mes chevaux n'étant pas habitués de tirer aussi fort, arrêtent ; je fais comme dans les endroits où j'avais labouré précédemment, lorsque ma charrue s'enterrait profondément dans la terre ; je la soulève un peu pour soulager mes chevaux comme mon guide me l'avait indiqué ; je soulève aussi ou plutôt je veux soulever ma charrue, elle tenait tellement fort dans la terre que je ne puis y parvenir ; je crie : « yü » d'une voix un peu sèche en soulevant ma charrue par les macherons, les chevaux tirent tous quatre ensemble un peu vivement ; je casse le soc ; j'ai bien de la peine à arrêter mes chevaux qui marchaient sans aucun poids tandis qu'ils devaient éprouver une forte résistance ; je les arrête ; j'examine comment cet accident m'était arrivé, ce que je ne pouvais pas comprendre : c'était encore la première fois ; je me trouvais donc encore dans une fâcheuse position ; il fallait m'en retourner avec ma charrue brisée dans le commencement de ma demi journée ; je me disais : voilà une double perte ; ma charrue cassée et pas de travail de fait ; m'en retourner, que vont dire mon maître et ma maîtresse et mon guide ; il leur semblera que je fais le mal par plaisir ; toujours des accidents ; en disant cela je vois une charrue qui n'était pas bien loin de moi ; je me mets dans l'idée d'aller la prendre pour pouvoir labourer jusqu'à l'heure de m'en retourner ; j'exécute ce projet, je laboure ; elle n'allait pas assez profond dans la terre ; je connaissais déjà un peu le moyen de l'enterrer, ce que je fais, je laboure toujours en attendant mon guide ; j'approchais près la borne d'un voisin qui avait une petite pièce qui tenait à celle de mon maître par un bout, mais qui n'était pas aussi large ; j'arrive à la borne, je crois incliner ma charrue pour que le fer ne s'y accroche pas : la charrue résiste un peu plus que je ne le pensais; j'en étais très-près lorsque j'ai pu enlever le fer de ma charrue hors de la terre; j'accroche la borne avec la pointe de mon fer et je la casse; je ne pouvais plus labourer; la charrue ne veut plus prendre, j'ai beau vouloir l'enterrer; rien n'y fait, je la remets dans la place où elle était; je mets la pointe de fer au bout du fer, dans l'espoir que le cultivateur a qui appartenait la charrue ne s'en apercevrait pas, parce que je n'avais pas l'intention de lui dire; je vais atteler ma charrue que j'avais cassée un instant avant, et je me dispose à m'en retourner.

Comme je finissais d'atteler ma charrue mon guide arrive; en le voyant près de moi je me mets à pleurer; il me dit : c'est donc un sort qu'il y a sur toi, chaque fois que je suis absent tu casses quelque chose; il y a là de l'extraordinaire que je ne comprends pas; malgré l'amitié que ton maître et ta maîtresse ont pour toi, il faudra qu'ils te renvoient, il est impossible qu'ils y tiennent; tu les ruinerais à faire faire ou à réparer des instruments aratoires; pour cette fois, il faut que je dépose contre toi; il faut nous en retourner sans travailler et dépenser de l'argent pour faire réparer les instruments; mais dis moi un peu, comment as-tu encore fait cette fois ci? Je lui dis, en pleurant, qu'arrivé dans le chemin ou on avait charié du fumier, les chevaux tiraient fort, mais qu'ils passaient sans arrêter, et que, lorsque j'ai eu fait deux ou trois sillons, la roue de ma charrue s'était mise dans l'ornière que les charrieurs de fumier ont faite par mauvais temps; que les chevaux se sont arrêtés parce qu'ils ne pouvaient plus arracher la charrue; que voyant qu'ils ne pouvaient pas l'enlever je l'avais soulevée de toutes mes forces par les macherons en criant : « yü » un peu haut, que les chevaux étaient partis vivement, que la charrue s'était cassé. Il me dit aussitôt : « Tu as fait l'inverse de ce qu'il fallait faire, car lorsqu'on traverse un chemin avec sa charrue, on va doucement et on appuie sur les macherons, afin que le soc de la charrue ne se soulève pas, parce qu'en se soulevant il perd sa force et se casse, c'est ce qui vient de t'arriver. Il est bon, comme je te l'ai déjà dit, de soulager les chevaux lorsque la charrue s'enfonce un peu trop ou qu'elle tient fort, de la soulever un peu pour donner de la facilité aux chevaux ; mais, lorsqu'on traverse un chemin en labourant, il faut appuyer sur les macherons de la charrue et la tenir bien raide en la poussant du côté où l'on veut la faire aller, parce qu'elle tend souvent à s'écarter de la ligne qu'elle doit suivre. Lorsque les chevaux ne peuvent pas l'enlever, ou que l'on sait qu'elle tient tellement fort que l'on est exposé à la casser, on arrête court, on soulève sa charrue hors de la terre, on avance en la tenant inclinée dans la crainte qu'elle ne se renfonce trop vite et qu'elle ne casse. Lorsqu'on est pour labourer une pièce de terre ou il y a un chemin et que l'on doit faire les sillons le long de ce chemin, on lève sa pièce pour prendre le chemin en biais afin que les roues de la charrue ne suivent pas dans les ornières ; d'un autre côté les chevaux l'emportent toujours plus facilement. Que ceci te serve de leçon pour l'avenir, je vois que c'est encore ton défaut d'expérience qui t'a causé ce nouvel accident. J'en ferai part à notre maîtresse en lui expliquant les causes qui t'ont fait casser ta charrue. »

Pendant qu'il me disait cela il était occupé à mettre la charrue à place et à lier le fer ou le bout du soc à la charrue pour la reconduire au charron ou à la ferme ; nous étions prêts à partir ; il me dit : « Voyons un peu comment tu as fait et si tu pouvais l'éviter. » En l'entendant parler ainsi, je me suis dit : il va voir ce que j'ai labouré depuis que j'ai cassé la charrue, la traînée de la nouvelle charrue va lui indiquer ce que j'ai fait, il me demandera des explications, il verra que je me suis servi d'une autre charrue, il me demandera pourquoi je n'ai pas continué, il ira de plus voir la charrue pour savoir si je n'ai rien cassé, parce qu'il devine tout ce que je fais, lorsque je veux lui cacher quelque chose, pour cette fois je suis perdu ; je n'avais pas encore terminé mes réflexions, qu'il me dit : « Viens un peu me montrer la place ou tu as cassé ta charrue. » J'avance avec lui de ce côté aussi triste qu'est le coupable qui va à la potence conduit par des gendarmes ; il me dit de nouveau, en voyant que j'hésitais : « Allons, vite, dépêche-toi, montre moi l'endroit. » Nous n'y étions pas encore arrivés qu'il me dit : « Mais qu'est-ce donc que cette traînée de charrue là, elle ne va pas du côté de la tienne ? qui est passé dans ta pièce depuis que tu es arrivé ? je ne vois là, aucun cultivateur ; tu en as la fait du beau. » Enfin, je lui montre la place où j'avais cassé la charrue ; il reconnaît que l'accident est arrivé comme je lui ai dit. « Tu ne m'as pas menti ; la charrue est cassée, tu la feras réparer : ce n'est rien, mais qu'est-ce que c'est que ce nouveau labour ? depuis quand as tu eu une charrue ? il faut que tu me dises toute la vérité et dépêche-toi. » Je me trouvais tellement hors de moi-même, parce qu'en plus des accidents, je ne voyais plus de pardon, qu'il m'était impossible de répondre. Il me presse tellement, en me disant ce n'est pas des pleurs qu'il me faut, ce sont des réponses, je lui dis que j'étais allé chercher cette charrue qu'il y a là près pour achever ma demi journée ; que j'aurais reconduit la mienne en m'en retournant pour la faire réparer, et que je l'avais... « Tu l'as

sans doute cassée aussi, misérable, » me dit il; je vais y
voir. Je me trouvais de nouveau dans une plus mauvaise
position que jamais. Mon guide était courroucé contre moi,
ce qui n'était point encore arrivé. Il allait faire son rapport à mon maître. Je voyais donc revenir les malheureux
jours que j'avais passés hors de la ferme sans savoir
s'il y aurait une fin; je pensais être disgracié pour jamais; et, pour cette fois, je regardais ma perte comme
certaine.

Il arrive à la charrue dont je venais de casser la pointe
du fer; il l'examine de près; il voit qu'il n'y a que ce
dommage. Je lui dis qu'il n'y en a pas plus; je m'aperçois qu'il se calme un peu. Il m'appelle; je viens le trouver. Il me dit de nouveau : » N'y at-il que la pointe du fer
de cassée. » Je lui assure qu'il n'y en a pas plus. Il me dit:
« Mais malheureux tu ne sais donc pas que l'action que tu as
la faite est cent fois pire que ce que tu as fait de mal depuis
que tu es chez ton maître? tu t'es servi d'un instrument qui
ne t'appartient pas, parce qu'il n'appartient pas à ton
maître, sans en demander la permission au propriétaire; tu
l'as cassé et tu voulais cacher cette mauvaise action; tu ne
sais donc pas que le bon Dieu te voyait et que tu étais un
grand coupable à ses yeux? tu ne sais donc pas que le propriétaire de la charrue ayant vu le fer cassé aurait suivi la
trace, et qu'il aurait reconnu que la charrue avait été cassée
dans la propriété de ton maître; qu'il serait venu accuser
avec justice ce brave et digne maître, de lui avoir brisé ou
fait briser son instrument sans lui faire réparer, ni lui demander la permission de le prendre. Ton maître aurait été
accusé; il aurait justifié que ce n'était pas lui et qu'il n'en
avait pas connaissance; il aurait cependant payé la répa-
ration et le retard; il eût été quitte à la vue de Dieu et des

hommes. Mais toi, tu aurais passé aux yeux de Dieu pour un homme qui cause préjudice à son prochain sans vouloir le réparer ; ton âme était perdue pour toujours ; tu aurais ensuite passé à la vue des hommes pour un homme dont je t'épargnerai encore le mot ; tu allais passer pour un libertin qui n'a pas soin à ce qu'il fait, qui profite de la fâcheuse position ou son maître se trouve pour lui dilapider ce qu'il a, et qui plus est abîme encore tous les instruments des autres cultivateurs. Voilà quelle était ta position ; prends ce fer et la pointe et suis moi. »

Nous partons pour la ferme. Je suivais mon guide en tremblant ; il était bon ; il me commandait très bien tout ce je devais faire. Il était juste ; il remplissait bien tous ses devoirs envers notre maître ; mais il n'aimait pas à passer par dessus la plus petite faute. Il va donc porter une double plainte contre moi, me disais-je, malgré les égards qu'il a pour moi, malgré l'estime qu'avait mon maître pour moi. Il ne s'agissait que du rapport de mon guide pour que je sorte de la ferme. Cette pensée me faisait frémir ; je ne savais que trop bien l'affreuse misère dans laquelle je m'étais trouvé la première fois que j'ai eu le malheur de sortir de la ferme. J'avais constamment erré d'un lieu à un autre, passant pour ainsi dire pour un vagabond. J'étais encore enfant ; on pardonnait à mon bas âge on a encore eu compassion de moi. Me voilà plus âgé, à l'âge de pouvoir travailler ; je vais encore une fois me trouver sans travail et sans pain, et être obligé de me mendier, moi qui suis dans une si bonne maison, qui ai de si bons maîtres et un si bon guide qui m'aime comme son fils, mais qui doit néanmoins, par suite de sa position, faire son rapport contre moi, à cause de toutes les fautes que je commets par mon imprudence.

La pensée de mon malheureux avenir que je ne méritais

que trop me faisait verser des larmes. Mon guide marchait
toujours du côté de la ferme. Il arrête; il me dit de lui
donner le fer que j'avais cassé et que je portais; j'obéis;
il me dit ensuite : « Va reconduire les chevaux que tu as
à la ferme ; tu diras à ma maîtresse que je t'ai commandé
de dire que j'allais revenir dans un instant. » Je me suis
acquitté de cette mission ; mais je ne pouvais m'empêcher
de penser à la position dans laquelle j'allais me trouver à
son arrivée. Je rentre mes chevaux ; je leur donne à manger; je jette du fourrage dans le ratelier pour ceux de mon
guide. Je vais voir à la porte s'il ne revenait pas encore; je
l'aperçois; je lui dis que j'ai disposé à manger pour ses
chevaux; je le prie de me les donner afin de les mener à
l'écurie, où je les mettrai à place. Il accepte; je conduis
les chevaux à l'écurie en tremblant, parce que je me dou-
tais bien qu'il était allé informer mon maître et ma maîtresse
de ce que je venais de faire; je ne savais où me mettre.
Un instant après mon guide m'appelle; j'y vais; ma maîtresse me demande ce que j'ai encore fait de nouveau ; je
ne réponds que très doucement ; elle me fait à peu près les
mêmes reproches que mon guide m'a faits ; elle me dit que,
pour ne pas contrarier son mari, qui était très souffrant,
elle ne lui dirait pas; qu'elle me pardonnerait encore ; mais
ce qui la dérangeait le plus en moi, c'était que j'avais pris
la charrue d'un cultivateur voisin, lorsque j'avais cassé la
mienne; que je l'avais cassée aussi et que j'avais voulu cacher ce méfait ; ce qui est l'action d'un domestique infidèle
et trompeur. Elle ajouta que j'avais exposé son mari à une
affaire judiciaire, qui l'aurait beaucoup dérangé ; que si
mon guide n'avait pas été aussi prévoyant, il n'aurait pas
vu ce que j'avais fait; que le propriétaire s'en serait aperçu
et qu'il m'aurait fait mettre en prison. Je tremblais en l'écou-

12.

tant me faire d'aussi justes reproches ; le mot *prison* m'a
encore fait trembler plus fort que jamais, plus je voyais
que la faute que j'avais faite était grave, plus je pleurais.
Ma maîtresse me dit : « Remercie ton guide de savoir
comprendre ses devoirs et de les remplir, sans cela tu
étais perdu ; le garde-champêtre serait venu te prendre
pour te conduire en prison. » A ces mots, je me suis jeté
aux pieds de ma maîtresse ; je lui ai demandé pardon ;
je l'ai aussi demandé à mon guide ; je leur ai dit que
je ne chercherais plus jamais à cacher aucune faute, que
je ferais tous mes efforts pour qu'il ne m'arrivât plus rien
de fâcheux. Ma maîtresse me dit de me relever, qu'elle me
pardonnait, que j'aie soin d'être plus sage à l'avenir. Mon
guide m'a fait quelques nouvelles remontrances en présence
de ma maîtresse. Ils m'ont dit de m'asseoir pour manger,
puisque je paraissais repentant, qu'ils ne m'en parleraient
plus.

Nous avons fait notre repas sans qu'il ait encore été question de ce qui s'était passé avant midi. Mon guide me dit
d'aller chercher ma charrue chez le charron, qu'il l'y avait
conduite. Il me dit en même temps de rapporter le fer qu'il
avait mis chez le maréchal ; qu'il devait être réparé, ce que
j'ai fait. Il m'attendait avec deux chevaux ; nous sommes
retournés à la pièce où j'étais avant midi. Nous arrivons ;
mon guide commence à labourer avec deux chevaux pour
s'assurer, m'a-t-il dit, si la charrue était bien réparée, si
le soc n'avait pas plus d'enterrement qu'avant midi. Il
met la charrue à place et commence à labourer ; elle avait
un peu trop d'enterrement ; il la déterre ; il essaie de nouveau ; elle allait à peu près bien. Il me dit d'atteler les
deux autres chevaux, ce que je fis. Il fait marcher les
chevaux ; la charrue allait très bien ; nous arrivons à la

place où je l'avais cassée avant midi. Il me dit : « il faut bien
se garder de claquer ni d'encourager ses chevaux toutefois qu'ils sont bons, lorsqu'on arrive dans une place où
on est exposé à casser sa charrue. Il faut faire en sorte
qu'ils aillent doucement, tenir sa charrue bien raide en
la conduisant le plus droit possible. Il faut se mettre
constamment sur ses gardes en tenant une main à chaque bout des macherons et fixer sa charrue pour voir
quelle impulsion lui est imprimée, et l'empêcher de faire
aucun mauvais mouvement ; appuyer constamment sur
les macherons, afin que le soc ne se soulève pas dans le
derrière, parce qu'en se soulevant il perd sa force et
casse ; voilà ce qui l'a fait casser avant midi. Chaque fois
que tu voudras labourer des chemins, n'oublie pas de faire
ce que je viens de te dire, parce que chaque fois que tu ne
le feras pas la difficulté que rencontrera le fer pour entrer
dans la terre dure fera lever le soc ; le bois se trouve
pousser le fer presqu'en travers, au lieu de le pousser
debout, perd sa force et casse. » Tandisqu'il m'expliquait
cela nous arrivions une seconde fois au chemin, il me mon-
tra de nouveau ce qu'il faut faire jusqu'à quatre ou cinq
fois. Il me donna les macherons pour que je passe une fois
à mon tour, je réussis très bien. Il me dit de continuer, ce
que je faisais avec précaution et de très bon cœur. Il me
dit : continue je vais rensoquer le fer de la charrue que tu as
cassé avant midi, ce qu'il a fait. Lorsqu'il est revenu, le
nouveau chemin était labouré. Il a remarqué que je pouvais labourer seul ; il est retourné à la ferme. Je ne vous
dépeindrai pas la satisfaction que j'avais ; mais il me semblait que je ne ferais plus jamais rien de mal ; c'était au
moins mon grand désir.

7 *Mai.* — Nous avons continué, mon guide et moi, à la-

bourer et semer ce qui nous restait dans les mars, à arranger les avoines, les jachères, et à faire tous les transports qu'il y avait à faire pour la ferme, pendant un mois, sans que j'aie mérité le moindre reproche. Il est bon de dire que je ne faisais aucun travail sans en demander la permission, et chercher à savoir comment je devais le faire. Mon guide mettait beaucoup de complaisance à me répondre ou à m'indiquer, lorsqu'il ne pouvait m'accompagner, ce que je devais faire. Il me disait en outre : « C'est le travail qui commande le bon ouvrier ; fais ce que tu croiras utile lorsque tu seras dans la pièce. » Ce mot m'encourageait beaucoup. Lorsque j'étais dans une pièce à herser, rouler, ou à faire tout autre travail, je le faisais toujours avec goût. Lorsqu'il y avait une place selon moi, qui n'était pas bien arrangée, j'y repassais de nouveau pour la rendre aussi bien que la plus grande partie de la pièce, parce que l'on rencontre des endroits dans la même pièce où la terre demande plus de culture. On rencontre de plus des chemins faits pour les transports des engrais et autres choses ; on rencontre bien des endroits où la terre diffère de qualité, des petits ruisseaux et des endroits où il y a plus de mauvaises herbes ; on rencontre dans certaines pièces des rideaux, ravins, ou récoltes qui vous empêchent de cultiver la terre du sens que vous désirez le faire, ou du sens qu'elle doit être cultivée et une autre infinité de cas que je crois inutiles de rapporter. C'était pour tous ces cas, qui ne peuvent pas être prévus, que mon guide me disait : « Tu feras, lorsque tu seras dans la pièce, tout le travail que tu croiras utile, et selon les principes que je t'ai enseignés, afin que je le trouve bien lorsque j'irai le visiter, parceque je ne tarderai pas à y aller. » Je le connaissais tellement exact que je le considérais toujours comme étant présent avec moi ; je faisais tout

ce que je pouvais et tout ce que je savais pour ne pas lui
donner la peine de me commander ou de me défendre une
seule chose ; je faisais en sorte de soulager mes chevaux
comme il le faisait lui-même, car je savais qu'il les aimait
beaucoup.

7 juin. — Nous avons ensuite commencé nos appro-
visionnements de tourbes pour l'hiver. Nous sommes partis, mon guide et moi, dans la vallée de Somme, afin d'en
acheter. Le temps était beau et il faisait déjà sec. Arrivés
dans le marais, nous chargeons une bonne charriotée de
tourbe un peu à côté des chemins qu'il y avait de faits dans
le marais. Notre charriot s'est enfoncé, en le chargeant,
dans la terre qui est toujours humide. Mon guide avai
cependant l'espoir de l'enlever facilement parceque nous
avions de bons chevaux. Il se dispose à sortir le charriot
du mauvais pas où il était déjà. Il veut avancer ; la volée
où les chevaux de devant étaient attelés casse, ceux de derrière font faire un mouvement au charriot ; les roues s'enfoncent ; je cours chercher une volée pour remplacer celle
que nous venions de casser ; mon guide essaie de nouveau,
le warofolle casse ; j'en cherche un autre ; nous essayons
encore à l'enlever, nous ne pouvons y parvenir ; c'est en
vain que nous voulons sortir du mauvais pas, et chaque
mouvement que nous faisons faire au charriot ne sert qu'à
l'enfoncer davantage. Les roues se sont tellement enterrées qu'il a fallu renoncer à pouvoir sortir du mauvais
pas où nous étions, malgré la force et l'ardeur de nos
chevaux. Il a donc fallu décharger entièrement toute la
charriotée de tourbe. Nous avons appelé des ouvriers qui
se trouvaient sur les lieux et nous avons fait exécuter ce
travail en peu de temps. Le charriot était complètement
vide ; les chevaux ne pouvaient pas encore l'enlever. Nous

12.

avons pris des leviers et nous avons soulevé les roues ; les chevaux ont enlevé le charriot avec une grande activité. Il y avait plus de deux heures que nous étions dans le marais ; nous n'avions pas encore une seule tourbe dans notre charriot. La demi-pile de tourbe que nous devions reconduire était jetée çà et là. On aurait pu en prendre sans que l'on s'en aperçut. Nous ne pouvions pas non plus retourner pour les charger de nouveau ; notre charriot se serait encore enfoncé dans le marais, comme il venait de le faire.

Mon guide se trouvait bien embarrassé ; il craignait, pour laisser les tourbes et en prendre d'autres, qu'il fasse du mauvais temps, qu'on ne puisse venir les chercher sous peu de jours, et qu'elles soient perdues. Il me vient une idée ; il y avait dans le marais des fagots d'élagage de peupliers ; je conseille à mon guide d'en délier quatre et de les mettre sous les rôues avant de charger, que les roues ne se tasseraient plus en chargeant, que les chevaux enleveraient facilement le chariot, parce que les roues ne seraient pas entassées dans la terre. Les chevaux sont ardents ; une fois partis, ils iraient bon train ; les roues n'auront plus le temps de s'enfoncer : en marchant vite, les chevaux iront facilement jusqu'au chemin ferme qui n'est pas loin. Mon guide me dit : « Ton idée est bonne, à mon avis ; il nous faut essayer. » On pose quatre fagots que l'on délie à côté des quatre trous que les roues venaient de faire ; mon guide avance le chariot et pose les quatre roues sur les quatre fagots ; on recharge les tourbes ; le chariot ne s'enfonce plus. Aussitôt les tourbes rechargées, mon guide dispose bien ses chevaux, leur commande de marcher d'une voix franche et brève ; les quatre chevaux partent tous ensemble ; ils s'animent, il faut même les retenir pour qu'ils ne courent pas. Je puis assurer que, quand même il y aurait eu une double charge, ils l'auraient enlevée hors du marais. Mon guide a marché bon pas jusqu'à ce qu'il ait été dans un endroit solide, où il a laissé reposer ses chevaux. Je m'approche de lui; il me dit que j'ai eu une bonne idée; que chaque fois qu'il fera un chargement dans un terrain, où il y aura du danger que les roues s'enfoncent, il mettra quelque chose dessous, avant de commencer à charger. Personne ne peut douter de la satisfaction que j'ai eue d'avoir donné un conseil qui a été aussi utile, parce que si nous l'avions fait avant de charger la permière fois, que de perte de temps, de mal, de peines et de dépenses n'aurions-nous pas évités. Nous avons marché jusqu'au premier village avec les instruments qu'on nous avait prêtés; nous les avons ensuite remis à ceux à qui ils appartenaient, en les remerciant du service qu'ils nous avaient rendu. Nous avons fait réparer les nôtres qui étaient cassés; nous avons continué notre route; nous sommes rentrés à la ferme sans qu'il nous soit arrivé aucun nouvel accident.

Mon guide a été tellement satisfait de la bonne idée que j'avais eue et des précautions que je prenais pour conduire les chevaux, qu'il m'a dit, étant rentré à la ferme, qu'il m'enverrait seul à tourbe, à moins que mon maître ou madame ne s'y opposent. Il leur a fait part de la bonne idée que j'avais eue dans le marais et de la manière dont j'avais conduit les chevaux en route, en leur faisant comprendre que je pouvais aller seul chercher de la tourbe. Ils y ont consenti, et j'ai fait trois ou quatre voyages sans qu'il me soit arrivé aucun accident. Ces voyages terminés, nous avons fait ce qu'il y avait de plus urgent à la ferme tant en culture qu'en transport de fumier et autres, jusques vers le 24 juin ou la Saint-Jean , moment où on recoupe les terres poussées en jachères.

Juin 24. — Depuis longtemps j'entendais toujours parler du recoupage de la terre. A cause de l'affectation que l'on mettait à prononcer ce mot , je pensais que c'était pres- que l'impossible à faire. Nous voilà arrivés au moment dont j'avais entendu parler tant de fois. Nous partons , mon guide et moi , pour recouper. Il faisait assez beau temps , pas trop sec. Il me conduit dans une pièce de terre bieffeuse , en me disant que , crainte de pluie ou de temps sec , il faut faire de suite les terres les plus difficiles à cul- tiver en temps convenable. Nous commençons à labourer avec quatre chevaux sur une charrue. Je ne remarque rien d'extraordinaire , seulement mon guide met toutes les flottes en dehors , afin de ne pas prendre de trop grands sillons pour retourner entièrement la terre. Il enfonce la charrue un peu plus profond dans la terre. La pièce de terre comme toutes les autres que nous avions arrangées , avait été très-bien hersée , celles qui étaient trop dures ou avancées de labour , nous les avions labourées avec un binot , afin qu'elles fussent nettes d'herbe et en parfait état de culture. Mon guide continue de labourer quelques sillons comme il avait commencé. Il arrête et me dit : « Ce n'est pas assez profond ; il faut encore enterrer la charrue ; » ce qu'il fait. Il continue ; je le suivais toujours , tant pour l'aider à ce qu'il avait besoin que pour voir ce qu'il fai- sait , afin de l'apprendre et de pouvoir le faire. Lorsque la charrue a été à peu près selon ses désirs , il ramasse un peu de terre sur son labour , en me disant : « Tiens , voilà de la terre vierge ; lorsqu'on recoupe une terre bien arran- gée , il faut enfoncer sa charrue pour avoir à peu près envi- ron trois centimètres de profondeur de cette terre là ; remar-

que-le bien : elle n'a jamais été rémuée, et, dans le recoupage, il faut qu'on en retrouve de la nouvelle pour que
le travail soit bien fait ; examine-là bien ; je te le répète,
afin que tu puisse en faire autant lorsque je ne serai pas
avec toi ; tu vois à quelle profondeur je laboure ; mais ce
n'est pas toujours une règle ; il faut aller à trois centimètres environ plus profond que tous les labours que l'on a
faits précédemment. Plus il y a de bonne terre dans un
champ, plus on le laboure profond, et plus il faut aller
avant en recoupant ; enfin, je te répète qu'il faut prendre
environ trois centimères de terre vierge. Il est vrai que c'est
beaucoup, mais on fume plus fort. Maintenant il n'y a pas
de danger pour dessiler la terre. » Je ne comprenais pas
entièrement tout ce qu'il me disait ; j'ai cependant répondu :
« Oui, je comprends, et je le ferai. » Il met bien la pièce en
train, serre bien la charrue et me laisse labourer seul. Il y
avait des cailloux dans cette pièce de terre ; quelquefois le
fer en attrappait, et le derrière du soc se soulevait assez
haut. Il me demandait : « T'en rappelles-tu ? » « Oui, je me
rappelle, lui ai-je dit, que lorsque le derrière du soc se
soulève, c'est qu'il y a quelque chose à renverser, et qu'il
faut appuyer sur les mancherons, pour qu'ils ne brisent
pas l'épée où le soc comme au chemin (c'est l'endroit où
j'ai cassé ma charrue en la soulevant au lieu de la tenir
ferme). » Je lui dis de plus : « Soyez sans inquiétude, je ne
me laisserai plus surprendre ; j'arrêterai plutôt les chevaux
pour débarrasser la charrue de ce qui la gênera, que je ne
la soulèverai pour la casser. » Cette réponse lui a plu.

Nous continuons. Je tenais toujours les macherons ; il
m'aidait un peu dans la conduite des chevaux, et le travail se faisait très-bien. Les plus mauvais pas sont passés.
« Je vois que tu comprends, me dit-il ; la charrue est bien

serrée ; les chevaux vont bien ; je crois que tu peux marcher seul ; je vais m'en retourner, continue. » Je reste seul ;
je fais très-bien le travail ; je continue pendant deux ou
trois jours, jusqu'à ce que la pièce ait été terminée. Il me
demandait assez souvent si le travail s'effectuait toujours
convenablement ; je lui répondais : « Oui, très-bien. »
« Est-ce que la charrue va toujours assez profond dans
la terre, me dit-il de nouveau? Je lui ai répondu : « Oui,
comme à l'ordinaire. » Mais tu as commencé ta pièce
dans un fond ; ton fer était neuf ; tu es maintenant en côte ;
ton fer s'use ; et lorsque le fer s'use et qu'on laboure en
côte, la charrue doit se déterrer ; et tu me dis que tu laboure encore aussi profond que lorsque je t'ai quitté la
première fois. Je t'avoue, me dit-il, que cela est bien surprenant et que c'est même extraordinaire, à moins qu'il
pleuve, et comme il fait du beau temps depuis que tu es
dans cette pièce, la sécheresse qui pénètre dans la terre doit
encore contribuer beaucoup à faire déterrer ta charrue ; il
faut quelquefois les enterrer deux ou trois fois dans un
jour, et voilà bientôt trois jours que tu es dans la même
pièce. Il n'y a pas encore de changement à ton labour, ni
à ta charrue. Je lui ai répondu que je n'en voyais aucun.
Eh bien, m'a-t-il répondu, il y en a, j'en suis certain ; tu
ne l'as pas encore vu ; c'est ce qui ne prouve pas beaucoup en ta faveur. J'allais depuis quatre jours dans cette
pièce visiter ta charrue deux fois par jour, au matin et à
midi ; et, lorsqu'elle avait besoin d'être enterrée je le faisais ; je me mettais aussitôt derrière un rideau ou un buisson et je t'examinais travailler ; j'étais avec toi, tu ne le
savais pas ; je ne puis pas te faire grands compliments de
la manière dont tu conduis tes chevaux ; je ne viens pas
non plus te faire des reproches sur ce sujet ; mais où j'ai

des reproches à te faire, c'est le jour où Baptiste, le domestique du propriétaire voisin, est allé collationner avec toi. Il est resté trop longtemps; tu devais ne pas t'amuser ainsi, si tu avais quitté tes chevaux comme lui, je serais allé les prendre et tu ne les aurais plus conduits; crois-moi, à l'avenir, toujours avec toi, parce que lorsque j'y suis, nous ne nous amusons pas mal à propos; ne recommence plus. Quant à ce que je faisais à la charrue, elle allait bien; tu ne t'en occupais pas; mais tu devrais toujours savoir à quelle position elle est montée, afin de connaître si quelques plaisants ne vont pas chercher à te faire de mauvaises farces en déterrant ou en enterrant ta charrue et faire gâter ton travail. Aie soin à l'avenir que je ne te prenne plus en défaut.

Tout en me pardonnant et en m'écoutant, comme il me le dit, il m'a cependant donné ce jour-là une leçon que j'étais bien loin d'attendre, et dont je me souviendrai longtemps. Je suis resté plus de dix minutes sans pouvoir lui répondre un seul mot tellement j'ai été saisi.

Ma pièce allait être entièrement labourée; il ne me restait plus que quelques sillons à faire et la fourrière; mon guide est venu avec moi pour m'aider. Il m'a montré la manière de la terminer et de faire la fourrière, en me disant qu'il fallait pour ainsi dire tracer sa pièce de terre lorsque l'on faisait des forts labours, afin de ne pas voler la terre du voisin pour mettre dans son champ, et qu'en plus du vol que l'on commettait, le propriétaire ou fermier voisin était en droit de faire faire un procès-verbal, ce qui amenait souvent la visite de M. le juge-de-paix, et ce qui coûtait une somme considérable à celui qui prenait de la terre à autrui; qu'il était encore condamné en outre à l'amende et à de grands frais, si le garde-champêtre faisait un procès. « Ainsi, prends bien tes mesures lorsque tu seras seul ; dresse bien ton dernier sillon ; incline ta charrue pour le recombler. Tu dois en faire autant pour la fourrière et ne pas abîmer la graine qui est dans la pièce à côté. » Je lui ai dit que je ferais tous mes efforts pour exécuter ce qu'il me disait lorsque je terminerais ma pièce.

Cette pièce terminée, nous sommes allés en commencer une autre qui était moins grande : c'était de la terre argileuse ; et, dans l'intérêt du travail, il fallait la faire en travers. Nous avons marché jusqu'au soir avec quatre chevaux ; il me dit de reporter la volée et la longe, qu'il fera bien cette pièce avec deux chevaux. Il me dit en même temps que j'irais le lendemain, avec les deux autres chevaux, dans une autre plus petite pièce qui n'était pas bien éloignée de celle où nous étions, et nous sommes retournés à la ferme. Le lendemain il me dit de prendre une charrue dont il avait fait renchausser le fer ; que je prenne le coutre et que je parte de suite, ce que je fis. J'arrive à la pièce ; je regarde si les flottes ne sont pas en dedans ; elles y étaient ; je les mets en dehors, je mets mon coutre à peu près à place en l'élevant haut, parce que je savais que je devais labourer profond ; j'enterre un peu ma charrue ; je commence ma pièce contre une pièce avétie, pour ne pas jeter autant de terre sur les plantes ; je mets mon coutre en sens inverse, afin qu'il retienne la terre ; je fais mon sillon jusqu'au bout de ma pièce ; je fais un second sillon : ma charrue n'allait pas encore assez profond ; je la renterre jusqu'à ce que je crois qu'elle était bien, selon que mon guide me l'avait expliqué pour ce labour ; je relève un peu mon coutre, et j'agissais de même chaque fois que j'enterrais. Je laboure ; mes sillons étaient inégaux et j'avais de la peine à maintenir ma charrue ;

elle voulait toujours sortir du sillon, et il se jetait beaucoup de terre en dehors. J'avais beaucoup plus de mal à labourer que dans la terre bieffeuse où je rencontrais de gros cailloux qui m'obligeaient à tenir constamment ma charrue, et mon travail n'était pas encore aussi beau. Je croyais que c'était parce que ma charrue n'allait pas aussi bien que celle de mon guide et dont je m'étais servi depuis quelques jours. J'ai labouré pendant deux heures environ. Je voyais qu'il me manquait quelque chose et que je ne faisais pas un travail convenable ; mon sillon ne se maintenait pas droit ; il était plutôt tortueux.

J'allais consulter mon guide qui n'était pas bien loin de moi, lorsque je le vis venir. Je laboure en l'attendant. Il me dit, en arrivant : « Fais-tu ce que tu veux aujourd'hui ; sans doute que oui ; tu es dans de la bonne terre qui se laboure aisément ; tu as la charrue qui va le mieux ; je ne prends l'autre que parce qu'elle est plus forte, et je te laisse la légère. » Je lui réponds qu'il y manque cependant quelque chose que je ne connais pas ; que j'ai fait tout ce que je pouvais pour qu'elle allât bien, pour que le travail fût beau en même temps, et, que je ne sais comment m'y prendre ; que je ne peux rien faire de bien, malgré tout le mal que j'y ai ; que la charrue ne veut pas rester dans le sillon qu'elle trace. J'ai ôté les flottes qui étaient en dedans ; je les ai mises en dehors ; comme j'allais plus profond dans la terre, pour éviter du mal à mes chevaux, j'ai relevé mon coutre au fur et à mesure que ma charrue y pénétrait.

A l'instant, il m'arrête et me dit : « C'est juste le mal. Lorsque tu as labouré au mois de février, dans un fond, le coutre était trop bas, parce que tu venais de labourer en

13.

côte ; tu es aussi dans un fond aujourd'hui ; mais ce n'est plus la même chose : la terre que tu labourais au mois de février n'avait reçu aucun labour ; elle était pleine d'herbes : c'est ce qui donnait de la résistance au coutre ; le labour que tu fais aujourd'hui est tout à fait inverse à celui dont je parle : la terre a été labourée deux fois cette année ; elle a été bien hersée ; il n'y a pas d'herbes ; le coutre ne rencontre pas de résistance , et il n'attire pas la charrue comme il le faisait dans la pièce dont je te parle ; pour faire un état il faut le comprendre et changer , selon le besoin, ses instruments dix fois par jour s'il est nécessaire , sans cela le travail ne peut pas être bien fait , ni bien régulier , parce que les objets que l'on travaille ne se ressemblent pas toujours. Il en est de même de la culture ; il faut savoir changer ses instruments selon le terrain et la disposition de la terre ; baisse ton coutre de trois centimètres pour essayer. » Je me disposais à le faire ; il me dit : « Regarde les crans qu'il y a à la haie de la charrue ; dis-moi pourquoi on les a faits , je te parlerai après. » Je n'ai pas pu lui répondre que je ne le savais pas. Il me dit de suite : « Ces crans là sont faits pour accrocher le cordeau qui tient le coutre ; on peut avancer et reculer le cordeau ; on descend par le même fait ou on monte le coutre : c'est ce qui te prouve que le coutre doit varier. C'est l'expérience de ce que je te dis qui a fait faire des crans aux charrues en cet endroit , pour ne pas être obligé de délier le cordeau aussi souvent , parce que la terre et l'humidité resserrent le nœud que l'on fait et le rendent difficile à délier. Lorsque l'on veut monter ou descendre son coutre , on le fait sans mal et sans perte de temps , au moyen des crans. » Je baissai mon coutre à peu près de trois centimètres , et le travail s'exécutait déjà mieux ; il était plus beau. Mon guide me dit de descendre encore un peu, ce que je fais. Le travail était encore mieux ; la terre était plus convenablement retournée. Je fais quelques sillons et mes sillons se redressent. J'ai continué encore un peu et je faisais un travail qui semblait tracé au cordeau ; mes chevaux marchaient beaucoup mieux, parce qu'ils allaient très droit. Mon guide se dispose à me quitter ; il me dit avant : « Ne baisse plus ton coutre, car tu éprouverais encore plus de mal et tes chevaux en ressentiraient aussi davantage. » Je n'y ai rien changé avant que ma pièce ait été terminée. Il m'a été facile de pouvoir recouper toutes les autres pièces qui me restaient, parce que l'explication et la preuve que je venais d'avoir en même temps m'ont fait comprendre la nécessité qu'il y avait de bien placer mes instruments : c'est ce que j'ai fait selon la disposition des terres que j'ai ensuite labourées.

Juin 30. — Le trente juin les terres à minettes étaient entièrement dépouillées de leur récolte ; nous avons pu y charrier ce qu'il y avait de fumier dans la cour et quelques tas de boue que l'on avait ramassée l'hiver dans les rues et chemins et même dans ceux de la ferme. Nous avons ensuite labouré ces terres ; mais nous ne leur avons donné qu'un très-faible labour. Nous ne retournions même pas entièrement la terre. Nous les avons ensuite ploutrées, et, quelques jours après, nous les avons bien hersées, plantées et roulées. Nous leur avons ensuite donné un second labour un peu plus profond que le premier, sans aller aussi avant que dans les terres poussées en jachère. Nous avons fait tous les travaux qu'il y avait à faire en ce moment.

Juillet 15. — Mon maître ou plutôt ma maîtresse avait

vendu les lins qui sont venus très beaux pendant que ceux des fermiers voisins de mon maître n'avaient pas la moitié de la valeur des siens, parce qu'il avait fait trop sec et trop froid au moment où ils devaient pousser. Il a fait aussi des brouillards qui leur ont frisé la tête. Ceux de mon maître n'ont presque pas souffert de ces intempéries, parce qu'ils étaient très avancés et qu'ils avaient profité des temps favorables. Ils avaient la force de supporter les mauvais temps qui ont empêché le développement des autres, ou plutôt de ceux qui avaient été semés en dernier lieu. Les mauvais temps dont je parle n'ont fait que du bien aux lins de mon maître, sans cela ils auraient versé et se seraient gâtés. Ils ont mûri de bonne heure, et ceux qui les ont achetés les ont cueillis immédiatement. C'est le quinze juillet que nous les avons charriés. Nous avons pu labourer et herser nos terres à lin avant la moisson, ce qui nous a donné un très grand avantage pour notre culture. C'était nous qui avions les jachères les mieux arrangées de tout le terroir. Mon guide était toujours très matinal et tous les chevaux étaient pansés lorsqu'il se levait. J'avais soin, dans le jour, de faire tout ce que je pouvais pour lui éviter du mal. Nous étions très contents l'un de l'autre.

Je ne parlerai pas des divers petits travaux que nous avons faits jusqu'à la moisson. Néanmoins je dirai que la culture est une profession qui ne peut marcher qu'avec le temps ; qu'il faut qu'on l'avance ou qu'on la diffère selon les variations qu'il subit ; qu'il faut qu'un bon cultivateur soit toujours sur ses gardes pour profiter des instants favorables aux travaux. La culture est comme l'éducation : plus on cultive plus on a de produit et plus on sent la nécessité de bien cultiver. En outre chaque contrée diffère dans son terroir ; il y a dans chaque village plusieurs sortes de terre qu'il faut cultiver et ensemencer d'une toute autre manière et à d'autres époques, principalement pour la semence dite de mars que l'on sème jusqu'à la fin de mai. C'est donc aux cultivateurs à examiner quelles sont les époques pendant lesquelles ils doivent semer et quelle est la graine qu'il convient de jeter sur leur terre, afin d'en retirer le meilleur produit possible. C'est à vous, jeunes gens, qui voulez vous vouer à l'agriculture, de voir de bonne heure ce que votre père fait, à quel moment de l'année il le fait, et de vous faire donner des explications. En adressant toutes ces questions à votre père vous ferez son bonheur ; vous allégerez ses peines ; il verra, en outre, que vous vous occupez de votre éducation ; il se fera un plaisir et un devoir de vous répondre. Pour rendre son bonheur plus grand, prenez une plume, lorsque vous serez capables d'écrire, écrivez ses réponses ; écrivez sa dictée. Elle vous servira pendant toute votre vie ; vous aurez toujours présent à votre esprit que c'est la dictée de votre père, de ce père qui se sacrifie entièrement pour vous ; vous le respecterez, vous l'aimerez présentement, dans sa vieillesse, et après sa mort.

13.

CHAPITRE III.

Nous étions en pleine moisson au premier août. Les
seigles étaient rentrés les orges étaient coupés. On coupait
les blés, c'est le grain et la paille, qu'on peut rentrer le
plus vite, on peut le faire lorsque le temps le permet cinq
à six jours après. Il ne nous restait, pour ainsi dire, pas
assez de temps pour herser nos terres poussées à tout labour avant le charriage de blé. Nous nous y sommes mis
immédiatement avec chacun une charrue, et nous sommes
parvenus à tout herser avant de charrier du blé. Aussitôt
ce travail terminé, nous avons commencé le transport de
la récolte de blé. Mon guide, quoiqu'avancé en âge, arrangeait encore bien une voiture; je la chargeais; nous
n'allions pas très-vite; mais nous ne nous amusions
pas; nous en faisions encore autant que les autres qui
étaient plus forts que nous. Je conduisais les chevaux;
j'avais toujours soin de bien placer mon chariot, en
mettant toujours mon cheval de main du côté du blé
pour ne pas être obligé de tourner autour du chariot,
lorsqu'il fallait l'avancer.

Nous avons continué ce travail pendant trois ou quatre jours sans qu'il nous soit arrivé aucun accident. Nous avons charrié le quatrième jour une forte chariotée de blé dans une pièce en côte. Je prends le cordeau et le fouet pour la reconduire à la ferme; je mets un peu trop à droite, mon cheval de sous verge ne tire pas; le chariot se ferme; les chevaux tirent et la chariotée de blé verse presque dans la place où nous avions terminé de charger. Mon guide, qui était fatigué de faire une forte chariotée de blé, se met en colère contre moi. Il me dit des injures; il me dit que je suis un polisson; que je ne fais jamais rien de bien; que je ruinerai son maître; que voilà encore une perte considérable de temps dans un moment si précieux; que le chariot est cassé; que le blé s'est écossé et qu'il va encore l'être davantage en le débarrassant; que le comble est cassé. Il me dit que notre maître ou notre maîtresse lui fera supporter toute la faute, parce qu'il ne devait pas confier une aussi forte chariotée de blé à un polisson comme moi, et qu'il y en aura un de nous deux qui sortira lorsque nous serons rentrés à la ferme.

Me voilà donc encore dans une position critique que je ne dépeindrai pas. Il arrive un brave cultivateur, qui était avec ses moissonneurs. Il dit à mon guide, pour le remettre un peu, vous êtes bien heureux d'avoir versé dans un si bel endroit; vous n'avez que votre comble de cassé; le blé n'est pas encore très-sec; vous n'aurez pas de perte; nous allons redresser votre chariot, qui n'est pas embarrassé au point de ne pouvoir le redresser sans changer le blé de place. Votre comble a cassé à propos; prenez en un bout et moi l'autre, liez les roues de devant, je lierai celles de derrière. Ils prennent chacun une partie du comble, lient les deux roues qui étaient par terre, jettent chacun leur partie du comble par dessus le chariot, passent leur corde par dessus les beux ou berres, attèlent deux chevaux à chaque corde tant avec la volée qu'avec le warapaille, font avancer les quatre chevaux ensemble. Le chariot se redresse ; ils rattellent les chevaux à leur place, et nous rechargeons enfin notre blé. Pendant ce temps, le cultivateur qui était venu à notre secours a réparé le comble ; nous avons resserré la voiture. La colère de mon guide s'est appaisée. Il me jette le fouet que je n'osais pas ramasser, plutôt que de me le donner, et il me dit : recommence si tu l'oses. Je craignais de prendre le cordeau ; mais, sur un regard qu'il m'a lancé, j'ai vu qu'il n'était pas trop tôt, j'ai obéi ; j'ai pris, cette fois, un peu plus de précautions, nous sommes rentrés sans encombre à la ferme.

Nous avons charié plusieurs autres jours sans qu'il nous soit rien arrivé. Lorsque les chariotées de blé ne devaient pas être trop fortes ; il me les faisait arranger ; il m'expliquait bien comment je devais m'y prendre. Il me disait : Ne mets pas trop de gerbes dans le fond de ton chariot, afin que les premières rangées de gerbes que tu mettras sur les barres, pénètrent avec les épis dans le chariot. Lorsque tu feras ta première rangée sur les barres, tu mettras tes liens en dedans des barres, afin que ton chariot ne s'élargisse pas trop, et que tes gerbes ne glissent pas. Lorsque ton blé est petit (celui que nous chargeons est très-grand), tu peux faire sortir les pieds des gerbes un peu plus ; il tiendra toujours. Lorsque la première rangée sur les barres est faite, et que le blé est petit, il faut en faire une un peu moins large pour remplir le fond du chariot, afin que la chariotée ne se referme pas trop, et continuer ainsi de suite, selon le besoin, jusqu'à la fin du chargement. Lorsque l'on a une forte chariotée de grand blé à faire, il faut toujours la tenir un peu plus large et bien emplir le milieu du chariot pour qu'il soit toujours un peu plus élevé que les côtés, à moins qu'il ne fasse très-sec. Il faut avoir soin de bien fixer les deux premières bottes de blé que l'on met à chaque coin du chariot. On tire ensuite une poignée de blé avec deux ou trois bottes de chaque coin, que l'on plie le long de la rangée; on met le pied dessus; on a la faculté de serrer toutes ses bottes et sa chariotée ne se dérange jamais. On peut même la faire un peu en avançant, c'est-à-dire en allongeant le chariot des deux bouts. On met bien plus de gerbes et sa chariotée est encore bien plus belle. Lorsque la chariotée est faite en rétrécissant, le chariot n'a pas d'air, et paraît être fait par un homme sans goût et un très-mauvais charretier. Il faut travailler pour l'utilité et non pour la gloire, lorsqu'on le peut, n'importe quel travail : c'est ce qui prouve que celui qui le fait a du goût. On doit toujours être fier de montrer bon exemple.

Mon guide me dit aussitôt : « As-tu compris ce que je t'ai dit ? » Je lui ai répondu oui. Il m'a dit de nouveau : « Il faut m'en donner la preuve immédiatement ; je ne puis pas te donner les gerbes trop vite ; arrange une chariotée de blé comme un maître ; » ce que j'ai fait, en mettant ses enseignements à profit. Je claquais en entrant dans le hameau, comme le jour où je suis rentré la dernière fois avec les vaches. J'étais tellement satisfait d'avoir bien compris comment on faisait une belle chariotée de blé, que je pensais que tous ceux qui nous rencontraient, et qui l'admiraient, savaient que c'était moi qui l'avait faite.

Nous avons continué, mon guide et moi, à rentrer les blés. Nous étions satisfaits de voir que nous pouvions faire seuls toute la besogne. Malgré l'âge avancé de mon guide, l'incompatibilité qui devait exister entre nous, ne nous dérangeait nullement. Il savait me pardonner à cause de ma jeunesse, et il comprenait quels pouvaient être mes caprices. D'un autre côté, je savais que l'expérience l'avait rendu sage, et je me plaisais toujours à suivre ses conseils. Je savais que tout ce qu'il me disait et tout ce qu'il me commandait devait être utile à notre cher maître, qui était malade, et dont il voulait soutenir les intérêts, comme il l'aurait fait pour lui et même mieux. Il ne pouvait que le représenter, et il ne pouvait agir que selon les ordres qu'il en avait reçus, sans les changer, ou c'est qu'une grande nécessité l'y aurait contraint, parce que, malgré ses capacités, il ne dérogeait presque jamais à ce qui lui avait été prescrit. Il rendait compte tous les jours de ce qu'il faisait et de ce qu'il devait faire le lendemain. Nous devions nous mettre en mesure pour parer, autant que possible, à tout inconvénient. Si je commettais quelque incartade, malgré les reproches sévères qu'il me faisait, il savait qu'il n'y avait chez moi aucun mauvais vouloir; il ne me réprimandait que pour que je me mette mieux sur mes gardes et pour remplir la mission dont il était chargé. S'il me faisait faire quelques travaux sous ses yeux, ce n'était que pour mieux m'apprendre à les faire, et non pour s'épargner du mal: c'est aussi ce que je savais comprendre; j'agissais toujours de bon cœur, lorsqu'il me commandait quelque chose; je savais que, lorsqu'il s'emportait un peu contre moi, quand il m'arrivait quelqu'accident de ma faute, c'était plutôt par suite de la peine qu'il avait de voir dilapider le bien de mon maître que par méchanceté. Le connaissant, je lui pardonnais à cause de ses bonnes intentions. Je recommande bien aux jeunes gens qui sont ou qui seront dans ma position , d'avoir des égards pour le brave et digne vieillard qui les guidera , parce qu'ils pourront croire bien longtemps qu'il n'agit que par caprice contre eux , lorsqu'il leur fera quelques remontrances , tandis qu'il le fera dans leur propre intérêt et par devoir. S'ils ne suivent pas ses conseils , ils le regretteront plus tard,

Nous n'avions pas terminé les transports de blé. Il me dit d'atteler les chevaux au plus vite au chariot, pour charier du blé, attendu qu'il craignait du mauvais temps sous peu ; ce que je fais. Nous partons sans faire courir les chevaux, parce qu'il ne les faisait jamais marcher trop vite. Il voulait que je suivisse son exemple , et il ajoutait que ceux qui les font courir ne le font souvent que pour regagner le temps perdu ; ils abîment leurs chevaux et ils ne le retrouvent pas encore. Il vaut mieux partir un peu plus tôt, ne pas s'amuser : c'est le meilleur moyen, me disait-il? Nous allons chercher une chariotée de blé que nous reconduisons à la ferme. Nous y retournons jusqu'à la quatrième fois. Le temps annonçait , comme on avait pu le prévoir, de la pluie. Nous venions de commencer à charger , lorsqu'il a commencé à pleuvoir ; nous n'avions pas entièrement terminé ce travail que l'eau tombait déjà assez fort pour mouiller notre blé. Nous terminons au plus vite ; nous serrons notre voiture avec notre comble. Il pleuvait toujours; nous activions le plus possible, parce que nous avions une petite côte blanche à monter, avant de pouvoir arriver à la ferme. Nous craignions qu'il ne fît trop glissant et que nous ne pussions pas monter si elle était mouillée.

Le comble serré, je prends au plus vite le fouet et le cordeau, et je fais marcher les chevaux. J'allais plus vite qu'à l'ordinaire, j'arrive près d'un petit courant d'eau.

Au lieu de faire ralentir un peu le pas des chevaux et de faire passer le petit courant en travers, pour que les deux roues de devant du chariot le franchissent en même temps et que celles de derrière en fassent autant, je ne prends aucune précaution; je laisse passer mes chevaux en triangle; je les faisais marcher assez vite. Le petit courant d'eau était plus profond que je ne le pensais; je passe les roues de devant, et lorsque la seconde roue de derrière est tombée dans le petit courant, le chariot a versé. Mon guide était à quelques pas de moi qui me criait d'arrêter; mais étant hors d'haleine, il ne pouvait crier haut. Je ne l'ai pas entendu; je ne me suis pas mis sur mes gardes; je ne pensais pas qu'un chariot versait aussi facilement. Le voilà versé. Le temps se chargeait de plus en plus; il pleuvait plus fort. Tout-à-coup le tonnerre se fait entendre; une pluie épouvantable tombe, nous n'avons que le temps de dételer les chevaux et de nous sauver vers la ferme.

Lorsque nous y sommes arrivés, nous étions percés jusqu'aux os. Nous avons mis nos chevaux à l'écurie. Mon guide était tellement hors d'haleine qu'il est resté plus de cinq minutes sans me parler. Je n'osais pas non plus lui adresser la parole; je m'attendais bien à ce qui allait arriver. Lorsqu'il a été un peu remis, il m'a adressé les mots suivants: « Ne t'avais-je pas bien dit, en allant chercher ce blé ou avant de partir, qu'il ne fallait pas courir, parceque l'on ne pouvait jamais regagner le temps perdu; qu'il fallait mieux partir un peu plus tôt. Nous ne sommes pas partis assez tôt, puisqu'il pleuvait avant que nous ayons eu fini de charger; tu as voulu courir, ou plutôt marcher trop vite étant chargé. C'est comme si tu avais

couru à vide; si tu n'avais pas marché trop vite, tu
aurais mieux pris tes précautions; tu n'aurais pas versé,
parce que tu as passé de bien plus mauvais pas depuis
que tu charries du blé. Ta marche précipitée m'a empêché de te suivre, à cause de mon grand âge et de
ma faiblesse; je te criais d'arrêter; mais je n'ai pu le
faire assez haut pour que tu entendes : Le bruit de
ton chariot et de tes chevaux t'en a aussi empêché.
Je te faisais signe d'arrêter, tu ne t'es jamais retourné une seule fois pour savoir si je venais; tu marchais
comme un insensé sans savoir où tu allais. Si tu n'avais
pas marché aussi vite, j'aurais pu te guider pour passer le mauvais pas. Quoique la petite côte soit mauvaise,
en temps de pluie, nous avons de très bons chevaux
et très adroits; nous aurions pu la monter; la charriotée
de blé serait sous la remise, ou, si nous n'avions pas pu
monter, nous l'aurions laissée dans la côte. Il n'y aurait
eu qu'un peu de grain mouillé, tandis que voilà toute
la charriotée de blé versée, toutes les gerbes vont être
mouillées; le blé peut germer; on peut le perdre en très
peu de jours. Il y a sans doute quelque chose de cassé au
chariot; je passerai encore pour un imprudent, parceque
l'on dira que je ne dois pas laisser un équipage à conduire
à un polisson. D'un autre côté l'effet du travail précipité,
la sueur qui tombait de moi, lorsque j'ai fini de charger,
la pluie qui est venu l'empêcher de suivre son cours, le
saisissement que j'ai eu de voir tomber le chariot, le mal
que j'ai eu à courir pour te suivre; le chagrin que j'avais
et que j'ai encore de voir une aussi belle charriotée de
blé perdue de ta faute, la pluie qui est tombée de
nouveau sur moi, après m'être refroidi à dételer les
chevaux; et le coup de tonnerre qu'il a fait si près

14.

de nous, m'a rendu dans un état à ne plus pouvoir changer de place. Je crains d'en mourir. Je vais informer notre maître et notre maîtresse de ta mauvaise conduite. »

Après avoir entendu ce discours et songeant à la déclaration qui allait être faite, je me suis jeté aux pieds de mon guide en lui demandant pardon, parce que pour cette fois, j'étais perdu. Je lui ai dit : « Vous savez que je ne vous veux aucun mal, ni à mon maître ; je n'ai agi que dans le but de sauver la charriotée de blé et non avec de mauvaises intentions. » Il me répond : « Je ne puis te pardonner et je vais en faire le rapport à ton maître et à ta maîtresse ; ils disposeront de toi comme ils l'entendront. »

Je me suis dit, pour cette fois-ci je suis perdu ; je n'oserai plus paraître à la ferme. Mon guide est allé faire son rapport à mon maître et à ma maîtresse ; il sera écouté ; ils ne me pardonneront plus ; il me faut fuir loin de la maison où j'étais si heureux. Je viens de commettre de nouvelles fautes qui me méritent toute leur haine, ainsi que celle de ce digne et bon vieillard qui m'apprenait à travailler, et qui avait autant d'égards pour moi que si j'avais été son fils. Je ne puis dire : ô papa ! où êtes-vous ? J'avais deux pères au lieu d'un. J'en avais un dans mon maître et un dans mon guide. Je ne puis non plus dire : ô maman ! où êtes-vous ? J'avais une vertueuse mère dans ma maîtresse. Il faut que je sois né sous une étoile bien malheureuse pour tout perdre : j'ai perdu mes parents alors que j'étais en bas-âge ; j'en retrouve dans mes maître et maîtresse. Mon maître tombe malade ; il me donne un guide pour me faire traverser avec plus de facilité tous les mauvais pas que l'on rencontre quand on est aussi jeune que je le suis : au lieu de soutenir les intérêts de ce brave et digne maître ; je les compromets ; au lieu de suivre les conseils de ce bon vieillard, qui vient faire plus qu'il ne peut pour m'être utile, pour sauvegarder l'intérêt d'un chef qu'il estime et qu'il voit souffrir, j'agis à ma guise ! Il m'appelle, il me crie de toutes ses forces pour me faire voir le danger où je vais m'exposer, et je me conduis de façon à lui donner à penser que je ne l'écoute pas. Il court après moi pour m'empêcher de tomber dans le précipice ; je le fuis. Il croit que je l'ai entendu. Voilà cependant ce que je suis et ce que je dois être à ses yeux, quoique je ne sois nullement coupable, et que je n'aie agi que dans le but de bien faire. Mais il ne s'agit point de me reconnaître coupable, pour que les chefs qui se croient en droit de me faire de justes reproches, ne les fassent pas ; ils les font quand ils doivent les faire, et ils ont raison ; je ne dois donc pas les indisposer davantage par ma présence à la ferme. Je le répète, quoique je ne sois nullement coupable, je dois fuir pour ne pas les irriter davantage contre moi, et pour leur épargner la peine qu'ils éprouveraient, sans aucun doute, en me chassant.

J'étais, à ce moment, caché dans une étable, parce que le mauvais temps qu'il faisait m'a empêché de partir. Ma maîtresse, à qui mon guide avait fait part de ce qui nous était arrivé, sachant que je ne pouvais pas endurer de reproches, que c'était par défaut de précaution ou de connaissance si je manquais ; qu'aussitôt que je connaissais le danger auquel je m'exposais, je faisais en sorte de l'éviter ; ma maîtresse, dis-je, cherchait à savoir quelle marche j'allais tenir et épiait tout ce que je pouvais faire. Elle m'a sans doute vu dans l'endroit où j'étais ; elle est venue se mettre dans un bâtiment à côté. Elle écoutait tout ce que je disais, ce qui l'a sans doute attendrie à mon égard. Elle est venue me dire d'aller de suite à la maison, qu'elle l'exigeait ; je l'en ai remerciée en lui disant que je ne méritais plus que leur haine, et que je ne pouvais accepter plus longtemps son hospitalité. Elle insista de nouveau, en me disant : « Je le veux. Te voilà mouillé et froid ; si tu sortais dans un tel état et que tu deviennes malade, le public nous en accuserait ; veux-tu nous faire plus de mal que nous en avons? Nous en avons déjà trop pour notre bonheur. Si tu ne veux pas le faire pour moi, fais-le dans l'intérêt de ton maître qui est malade, et ne lui fais pas plus de peine. »

A ces mots, prononcés avec tant de bonté pour moi et de justice pour mon bon maître. J'ai répondu à ma maîtresse que j'allais y aller, et qu'elle pouvait compter sur ce que je lui disais. Elle est partie avant moi rejoindre son mari et mon guide ; elle leur a sans doute fait part de ce qu'elle venait d'entendre et de faire ; elle aura sans doute dit à mon guide de m'appeler, ce qu'il a fait, et je suis allé immédiatement dans la maison. En arrivant, mon guide me dit : « C'est encore une affaire arrangée ; ton maître te pardonne, ta maîtresse t'a pardonné avant, et je viens te dire que je te pardonne aussi ; mais ne recommence plus. » Je les ai remerciés et j'ai dit à mon guide : « Vous savez que ce n'est pas ma faute. » Il m'a répondu : « Je ne le sais que trop bien ; mais il t'arrive si souvent des malheurs que l'on sera définitivement obligé de te renvoyer s'il t'en survient encore. » Je lui ai assuré que je ferais tout ce que je pourrais pour les éviter. Il me dit ensuite d'aller changer d'habits, parce que je lui faisais pitié, et que je vienne me rechauffer au feu avec lui, ce que j'ai fait. Il n'a plus parlé de ce qui venait de nous arriver que pour nous entendre sur la marche à prendre afin de faire sécher le blé et rentrer le chariot à la ferme.

Le lendemain, vu la pluie abondante qu'il avait fait la veille, les jachères étaient trop mouillées. Nous sommes allés tourner la terre pour semer de l'hivernache dans les éteules de blé; elle était un peu bieffeuse. Nous avons pris quatre chevaux et la meilleure charrue. La terre, qui était sèche avant la pluie, s'est très-bien labourée. Il y en avait deux journaux et demi. Nous y avons mis près de deux jours, parce que mon guide se sentait encore des dérangements qu'il avait eu la veille et qu'il était un peu souffrant. Il m'a laissé en partie labourer seul pendant qu'il se reposait. D'un autre côté, les chevaux étaient un peu fatigués des travaux continuels qu'ils venaient de faire : nous n'avons pas voulu les forcer. Le temps s'est mis au beau et nous avons pu, aussitôt cette pièce labourée, achever les transports de blé sans qu'il nous soit arrivé rien de fâcheux.

Les œillettes que nous avions semées de bonne heure ont mûri pendant la moisson; ma maîtresse a pris des ouvriers pour les cueillir. Elle a eu soin de faire mettre les tas en ligne, afin que nous puissions labourer la terre pendant cette opération et poursuivre notre culture avec activité. C'est ce qui nous a encore occupé deux jours, parce que nous y allions avec chacun une charrue. Le temps continuait à être beau; nous avons immédiatement ploutré les terres à œillettes et la terre à hivernache. Nous avons aussi hersé quelques pièces de terre dans la jachère où le besoin s'en faisait sentir, et nous avons commencé à redresser la terre avec chacun un binot : c'est le labour le plus facile.

Nous quittions donc ce travail pour en faire de plus pressant, lorsque la culture l'exigeait. Je n'en donnerai aucun

14.*

détail, ni des transports que nous avons faits pour les engrais, pour la récolte de mars et pour les besoins de la ferme. Je rapporterai seulement ce que mon guide me disait : « Nous sommes à une époque où il n'y a pas un seul instant à perdre ; tous les travaux viennent ensemble ; il faut faire tous les transports de récoltes ; il faut labourer, herser les terres que l'on a ensemencées en jachère (dit dessolie) les redresser, redresser celles que l'on a suivi à tous labours. Dans ce moment-ci les moutons ne vont plus dans les jachères ; la terre est échauffée et l'herbe pousse facilement ; si on la laisse grandir, elle se rend maîtresse du cultivateur et de ses instruments ; on a beau la renverser, le soleil n'est plus assez ardent pour la faire mourir. Les nuits sont longues et les rosées sont fortes ; il fait souvent un peu de pluie, ce qui empêche de faire mourir les herbes. Si on laisse pousser l'herbe, il peut pleuvoir une dizaine de jours, ce qui arrive très-souvent dans cette saison, et lorsque le cultivateur n'est pas en mesure de bien cultiver ses terres, elles se métamorphosent en prairie. Profitons du beau temps qu'il fait en ce moment pour faire le plus vite possible les travaux les plus importants que nous ayons à faire, si nous voulons faire une belle semaille, parce que le blé ne se sème pas comme l'avoine. On sème quelquefois de l'avoine par des mauvais temps. Il fait beau après ; on la cultive sans lui nuire ; l'herbe meurt, ou, si elle ne meurt pas, la première fois, on la cultive encore plus tard dans les beaux jours d'été, et alors ce qui reste d'herbe la première fois meurt. Mais le blé ce n'est pas cela, il faut qu'il soit en parfait état de culture lorsqu'on le sème ; on ne peut plus l'arranger après. Il ne faut même pas attendre quatre jours pour rabattre les sillons de la charrue, le grain pourrait être germé et on s'exposerait à le détruire entièrement. En outre, ce ne sont plus les beaux jours d'été qui sont si utiles au cultivateur qui viennent, ce sont les fortes et continuelles pluies d'automne qui arrivent. Tâchons de prendre nos mesures pour bien coucher ce blé qui est notre principale nourriture ; tâchons de le faire de manière qu'il puisse échapper aux intempéries de l'hiver, auxquelles, presque seul il peut résister dans nos climats ; couchons le bien, afin qu'il pousse convenablement, et qu'il puisse supporter tous les mauvais temps qu'il plaira à Dieu de nous envoyer. Par notre bonne culture, détruisons toute l'herbe qui est si désireuse de cohabiter avec lui ; oui, cette herbe que tu vois est l'ennemie jurée du blé, et si elle sort déjà, ce n'est que pour prendre les devants afin d'être plus forte que lui et de mieux l'étouffer. Si j'insiste sur ces paroles c'est pour t'en faire bien comprendre l'importance. Nous ne pouvons étouffer l'herbe ; mais renversons la de manière à ce qu'elle meurt, afin qu'elle ne fasse pas périr le blé qui est notre nourriture et sans lequel nous ne pouvons subsister. L'herbe n'est pas seulement l'ennemie du blé qu'elle veut étrangler ; mais elle est notre ennemie à nous, puisqu'elle veut nous faire tous mourir de faim ; redoublons donc de force et de courage ; marchons le jour et la nuit s'il le faut ; armons nous de toutes les armes possibles pour détruire cette ennemie de l'homme ; résignons nous avec courage à notre malheureux sort, parce que c'est le Tout-Puissant qui l'a voulu, soumettons-nous de bon cœur à sa sainte volonté. »

J'étais loin de m'attendre à un pareil entretien avec mon guide, ou plutôt j'étais loin de compter sur de telles comparaisons. Moi qui n'ai reçu aucune éducation, je voyais bien le blé pousser ; je voyais bien l'herbe pousser ; je voyais que l'on faisait tout ce que l'on pouvait pour détruire l'herbe, je voyais aussi que l'herbe était nuisible au blé ; mais je ne savais pas et j'étais loin de penser que l'herbe cherchait à étrangler le blé et qu'elle s'évertuait à prendre les devants afin d'être plus forte et de parvenir plus aisément à ses fins ; je ne pensais pas non plus que l'herbe étranglant le blé et les autres plantes qui sont utiles à l'homme étranglait l'homme ; je ne savais pas, ou plutôt je n'avais jamais compris que l'homme avait été condamné à détruire toutes les herbes, afin d'avoir de quoi se nourrir, se couvrir et de se procurer tout ce qui lui est nécessaire ; je n'avais jamais bien compris non plus que c'était la volonté de notre Créateur et qu'il l'avait fait pour punir l'homme de sa désobéissance. Je le comprends maintenant et je vais redoubler d'efforts et d'activité pour détruire toutes les herbes qu'il y a dans les propriétés de mon maître et par tous les moyens que je serai capable d'inventer, puisque l'herbe, à le bien prendre, est le plus grand ennemi que l'homme puisse avoir.

Puisque je fais cet écrit pour servir à l'éducation de la jeunesse, je ne dois pas me contenter de faire connaître le plus grand ennemi de l'homme, ce qui n'a pas encore été bien démontré jusqu'à ce jour, je dois chercher à le dévoiler d'une manière assez claire, afin que les enfants se disposent de bonne heure à le combattre, car ce cruel ennemi veut leur ôter la vie ; il veut ôter la vie de leur mère, de leur père, de leurs frères et sœurs, de tous leurs amis, et de ce qu'ils ont de plus cher au monde.

Quel est celui qui, étant sans parents, ni amis, ne connaissant personne au monde, à qui on dirait qu'il peut détruire son ennemi, sans s'exposer le moins du monde à aucun accident, sans se donner beaucoup de mal, sans nuire à qui que se soit, et sans désobéir à Dieu, qui l'a même ordonné ; quel est celui, dis-je, qui ne tenterait pas de l'anéantir ? Non, personne ne serait assez lâche pour refuser un pareil service à la société, oui tout le monde est prêt à le faire, et néanmoins personne ne le fait ; personne ne l'a encore fait d'une manière convenable ; personne ne l'a encore fait en disposant l'homme, par l'éducation, à connaître son plus grand ennemi ; personne, jusqu'à ce jour n'a enseigné à la jeunesse à le combattre ; personne ne lui a donné encore le moyen de le faire mourir ; personne ne lui a encore donné l'idée de remplir cette grande tâche, cette tâche qui nous est imposée par le Tout-Puissant ; personne avant moi, jeunes-gens, à qui je destine mon écrit, et qu'on vous remettra à tous entre les mains, n'avait cherché à vous faire connaître le plus grand ennemi avec lequel vous auriez à lutter pendant le cours de votre vie ; personne ne vous disposait à le combattre dans votre jeunesse, afin que vous vous exerciez mieux, et que, dans l'âge mûr, vous soyez plus fort, pour le renverser, pour le tuer, ou pour le bruler, si vous ne pouviez le faire mourir.

Je viens, dis-je, le premier, vous le faire connaître : c'est l'herbe ; oui, c'est la mauvaise herbe qui est votre plus grand ennemi : c'est l'herbe qui est nuisible au blé que vous mangez, ainsi qu'à toutes les semences indistinctement, à toutes les semences qui vous sont utiles, qui le sont à vos parents, à vos amis et à tous vos animaux, aux animaux qui vous nourrissent, à ceux qui vous habillent, à ceux dont vous vous servez pour détruire la plus grande partie de cette herbe, à ceux qui font les délices de votre jeunesse, à ceux qui vous seront utiles dans l'âge mûr et dans la vieillesse, à tous ces animaux que vous devez tant aimer et que vous devez bien gouverner. Eh bien, l'herbe, la mauvaise herbe est votre ennemie jurée, et si vous ne prenez vos mesures pour l'extirper ; pour connaître tous les instruments qui peuvent vous être utiles pour la détruire, et que Dieu votre Créateur vous a donné le génie d'inventer, si ceux que vos parents ont déjà inventés ne sont pas suffisants ; vous mourrez de faim sur cette terre, ou vous vivrez malheureux : vivre malheureux ce n'est pas vivre. Il y a de vos frères qui demandent la mort plutôt que d'avoir d'aussi grandes souffrances. Il y en a déjà qui sont morts . vengez la mort de vos frères en apprenant par l'éducation, dans votre jeunesse, les moyens de faire mourir l'herbe. Lorsque vous aurez de l'éducation et la force de le faire, remplissez la volonté de Dieu en ne laissant plus que du froment sur la terre. Là seulement vous serez heureux, parceque tous vos frères le seront, et tous les bestiaux qui vous sont aussi utiles.

Nous avons redoublé d'activité. Les conseils que venait de me donner mon guide m'ont encouragé. Il n'était plus besoin qu'il m'éveille le matin pour que je sois prêt à partir avec lui, ni pour arranger les chevaux qu'il me donnait à conduire. Je prenais toute ma part des soins que l'on doit apporter aux animaux aussi utiles. Nous avons continué d'arranger toutes les terres et de faire les transports des récoltes restant à faire. Nous avons aussi conduit, sur une pièce de jachère où nous devions semer de l'orge, le fumier qu'il y avait dans la cour.

15 *Septembre* — Le 15 septembre est arrivé; mon guide me dit : nous sommes prêts à semer ; Il n'existe plus une seule pièce de terre où il y ait une plante d'herbe; il n'y en a plus une seule qui soit en retard de culture ou qui ne

soit pas bien arrangée; la terre à hivernache est aussi en parfait état. Nous allons commencer à semer par cette pièce: c'est du mauvais terrain ; il fait bon aujourd'hni, semons là, dans la crainte de pluie, et, d'un autre côté, nous n'aurons plus à nous déranger de sole, lorsque cette pièce sera ensemencée et convenablement arrangée, et nous serons ensuite presque toujours dans la même pièce ; nous pourrons conduire notre grain avec une voiture parce que notre maîtresse a eu la précaution de faire battre et de faire arranger tout le blé, le seigle, l'orge et l'hivernache nécessaires pour faire toute la semaille. Elle a aussi acheté de la lentille pour semer avant de rabattre les sillons que nous ferons en enterrant le blé, parceque la lentille est une graine qui ne veut pas être enterrée très-avant. Nous allons commencer à semer ; nous nous lèverons de grand matin ; nous ne nous amuserons pas dans les champs nous ne serons pas dérangés en rien. Nos récoltes sont rentrées, nos fèvres qui étaient en jachères sont dans les éteules ainsi que les feurres d'œillettes; nous pouvons faire la semaille sans être aucunement dérangés ; nous commençons demain.
« Tu seras matinal, Nicolas, » m'a-t-il dit. Je lui ai répondu « oui, mon guide, parce que depuis la dernière explication que vous m'avez faite sur l'herbe et des conséquences qu'il y aurait à la laisser pousser, je ne dors plus pour cultiver et en outre pour mieux me soumettre à la volonté de mon Créateur, parceque je vois que pécher par paresse c'est mériter l'enfer ; je ne vois pas de plus grand péché maintenant, puisqu'il ferait le malheur de tous les hommes sur la terre et leur donnerait la mort. »

Pendant le temps que nous avons mis à arranger toutes nos terres ma maîtresse a fait battre la récolte d'œillettes. C'est elle qui a eu le plus de graine de toute notre contrée en proportion de la quantité de terrain qu'elle avait ensemencée.

Septembre 15. — Nous commencons, mon guide et moi, à enterrer les blés avec chacun un binot ; la terre était bien disposée et le binot n'y tenait presque pas. J'avais les deux plus petits chevaux ; mais ils allaient comme le vent. J'enterrais, pour ainsi dire, autant de blé que je voulais sans pourtant leur donner un seul coup de fouet. Mon guide avait les deux plus forts chevaux et il ne pouvait pas aller aussi vite que moi. D'un autre côté, il ne l'aurait pas pu, à cause de son âge avancé. Mais, en revanche, il a enterré quelques petites pièces de terre bieffeuse et caillouteuse avec une herse de fer. Il rabattait de plus tous les sillons que je faisais pour enterrer le blé avec une forte herse de bois, parce qu'il faut encore bien comprendre ce travail pour le faire de manière à ce que l'eau ne coule pas l'hiver le long des sillons ou raies des dents, pour qu'elle ne ravine pas la propriété. Je continuai toujours d'enterrer le blé, orge ou seigle avec mon binot, et, en moins de quinze jours, nous avions terminé toute notre semaille. Tous les autres cultivateurs en étaient jaloux. Ils disaient souvent à mon guide : « Nous ne savons pas comment vous faites ; vous êtes toujours le premier ; vos terres sont toujours les mieux arrangées ; on le voit bien aussi, parce que c'est votre maître qui a fait toutes les plus belles récoltes que nous ayons vues cette année. » Mon guide se contentait de répondre : « Je ne pense pas que ce soit notre maître qui fasse les plus belles récoltes ; je sais seulement que je fais tout ce que je peux pour bien arranger ses terres, afin qu'il n'ait rien à me reprocher ; d'un autre côté, je tiens à faire mon devoir. » Il n'en disait jamais plus.

Octobre 1er. — La semaille a été assez belle ; nous n'a-

vons presque pas été dérangés par le mauvais temps. Nous
avons fini notre semaille pour le premier octobre. Mon
guide me dit : « Je suis satisfait de toi depuis quelque temps ;
je vais engager notre maîtresse à t'acheter une blouse pour
l'hiver et un chapeau ; tu commences à grandir. Je lui de-
manderai aussi de te faire faire quelques habillements
pour l'hiver, afin que tu puisses te trouver avec les jeunes
gens de ton âge et aller à la messe et aux vêpres tous les
dimanches. »

Le jour même ma maîtresse me dit : « Ton guide m'a assuré qu'il avait été assez content de ton travail depuis quelque temps ; je vais m'occuper de toi. Quelques jours après,
le tailleur et le cordonnier sont venus pour me prendre
mesure ; ils m'ont habillé et chaussé. J'ai eu aussi une
blouse et un chapeau. Malgré le chagrin que j'éprouvais
des accidents qui m'étaient trop fréquemment arrivés, je
suis devenu un peu plus gai.

Octobre 5. — Nous avons commencé, immédiatement
après la semaille, à binoter les terres où mon maître avait
récolté de l'avoine et celles où il y avait de l'herbe dans
les éteules de blé, et, vers le cinq octobre, il a plu d'une
telle force que ceux qui avaient encore des blés à semer
n'ont pu le faire que dix à douze jours plus tard. Presque
toujours, ceux qui sont en retard dans leur semaille, le
sont aussi dans leurs labours. Leurs terres étaient très-sales,
mal cultivées ; l'herbe y avait poussé ; ils ont dû semer
leur blé comme dans du mortier. Il y avait autant d'herbe
que s'ils l'avaient semé dans un marais. Il était impossible
d'avoir l'espoir d'en récolter, tandis que celui que nous
avions semé était vert. Aussi notre maître était pour ainsi
dire certain d'avoir de beau blé, à moins qu'il ne survienne
du temps extraordinaire. Mais en pareil cas le cultivateur

15.

ne peut y porter aucun remède. Nous étions donc très-heureux en comparaison des autres cultivateurs. Tandis qu'ils étaient dans la boue et dans la misère, nous, nous étions à pied sec et dans la joie ; nos chevaux profitaient de notre position.

J'ai continué d'aller dans les champs faire tous les travaux que le cultivateur peut exécuter pendant l'hiver, tant en culture, qu'en transports de fumier et autres. Aussitôt que les terres ont été binotées, j'ai commencé à charrier les fumiers qu'il y avait dans la cour ; je les ai conduit dans les terres à trèfle (vieux) ; je l'ai enterré au moyen de quatre chevaux. Je commençais à comprendre la culture. Mon guide ne venait plus dans les champs avec moi que lorsque je labourais dans des pièces très-difficiles, ou pour s'assurer si j'exécutais bien les ordres qu'il me donnait. Son âge avancé ne lui permettait plus de se livrer à de pénibles travaux dans cette saison, et il s'est souvent trouvé indisposé cet hiver. Les bons conseils qu'il m'avait donnés et l'idée que j'avais de la culture me servaient beaucoup dans les cas nouveaux qui pouvaient se présenter. Lorsque je craignais de me trouver embarrassé, je lui demandais conseil avant de partir. Il connaissait toutes les pièces de terre de mon maître ; il m'indiquait comment il fallait m'y prendre dans telle ou telle pièce ; tantôt il me disait : « En commençant telle pièce par tel côté, tu enterreras un peu plus ta charrue, et lorsque tu seras à peu près à moitié, tu la déterreras un peu, si elle ne se déterre pas d'elle-même, afin de ne pas enfouir la bonne terre trop avant et de ne pas la remplacer par de la mauvaise, ce qui est très-nuisible à la propriété qu'on ne peut remettre en état qu'avec beaucoup d'engrais. » Il me disait encore : « Lorsque tu seras pour commencer contre une pièce ensemencée,

mets ton coutre, au premier sillon, inverse de ce qu'il doit
être pour qu'il renvoie la terre dans la pièce que tu vas labourer ; aie soin de mettre quelque chose sur la borne, à
l'extrémité de la pièce ; décroche ta longe ; ôte les deux
chevaux de devant ; prends les deux de derrière par la
bride ; mets-toi entre deux chevaux, en partant de la
borne, et va directement à l'autre borne : le soc de ta
charrue passera où tu passeras toi-même ; tu ne prendras
pas la terre du voisin ni ne jetteras la terre que ta charrue
soulèvera sur la récolte ; aie toujours bien soin aussi de
prendre tes mesures pour ne pas nuire à la récolte d'autrui,
parce que ton maître serait obligé de réparer le dommage
que tu causerais et en plus de payer l'amende au garde-
champêtre, si l'on te faisait un procès-verbal. Bien que
le propriétaire ne te voie pas, tu laisses des traces de
ton passage : c'est pour cela que je viens de te dire que
le garde-champêtre est là pour te prendre, et d'ailleurs
Dieu ne te voit-il pas ? »

Ces mots de garde-champêtre m'ont encore rappelé le
jour où mes vaches ont mangé les choux, et les mauvaises suites qui en étaient résulté pour moi. J'ai répondu
à mon guide qu'i pouvait être sans inquiétude, que je ne
nuirais à qui que ce soit en endommageant ce qu'il possé-
dait. J'ai, d'après ses bons conseils et les soins qu'il prenait à diriger ce que je devais faire et aussi grâces aux
visites qu'il me rendait dans les champs, passé un hiver
fort heureux, parce que je réfléchissais toujours sur ce
que j'avais à faire.

Outre les travaux que je faisais l'hiver à la ferme, j'allais encore, chaque soir, passer trois heures à l'école
du village voisin, afin de recevoir un peu plus d'éducation
que je n'avais, parce que je commençais à comprendre

que sans l'éducation l'homme était peu de chose sur la terre. Le maître d'école me faisait lire, écrire, calculer et quelquefois écrire à la dictée. Je ne suis pas avancé; je l'étais encore moins; j'étais souvent obligé d'avoir recours à un dictionnaire pour chercher les mots que je ne savais pas écrire et dont je ne connaissais pas la signification, afin de pouvoir corriger les fautes que je faisais, et de comprendre ce que signifiait le mot. Il y en avait, dans les premiers temps de mon école, que je ne trouvais pas; je faisais en sorte de prendre des renseignements, parce que je n'étais pas assez avancé pour bien connaître les premières lettres que je cherchais, et il arrivait souvent, lorsque je ne pouvais pas avoir de renseignements, que je ne les trouvais pas. J'étais par conséquent obligé de laisser mon devoir tel qu'il était. Le moment arrivait où notre maître venait corriger nos devoirs; il y mettait l'orthographe. Je cherchais le mot comme il l'avait écrit; je le trouvais. Je me figurais que je les trouverais tous le lendemain, parce que je prendrais d'autres mesures. Il nous donnait une autre dictée et j'étais encore dans le même cas. Je me suis dit plusieurs fois : C'est encore comme pour apprendre à cultiver, on n'est pas encore bon apprenti lorsque l'on se croit maître. Je ne me suis cependant pas découragé; j'ai cherché à m'instruire le plus que je le pouvais, selon ma position; j'ai continué d'aller à l'école tout l'hiver.

J'avais, comme tous les hommes, bonne opinion de mes idées. Vers la fin du moment où je pouvais encore aller à l'école au soir, il m'est venu dans l'idée de chercher dans le dictionnaire des mots et même une grande partie des noms des instruments aratoires que les cultivateurs emploient. Je me servais même des noms que j'avais entendu citer par de grands cultivateurs instruits, sans toutefois connaître très-bien les objets dont ils parlaient. J'en trouvais quelquefois; mais c'était rare. J'ai aussi cherché les noms de divers labours que nous donnons à nos terres comme je les avais entendu prononcer par des gens très-capables, selon moi. Je feuilletais mon livre, et j'en trouvais encore moins. Il m'a été impossible aussi de découvrir aucun nom des ustensiles qu'il faut pour faire fonctionner les instruments aratoires. Je ne trouvais presque rien qui puisse m'instruire sur l'agriculture, tandis qu'il en était autrement pour les autres professions. Ces recherches m'ont tellement découragé, que j'ai dû en informer mon maître d'école. Je lui ai dit que je venais chez lui pour m'instruire sur l'agriculture; que je ne pouvais presque trouver aucun mot qui me renseignât. Il me répond que la plupart des noms des instruments dont se servent les cultivateurs ne se trouvent pas dans le dictionnaire français, pas plus que les noms des divers labours que l'on donne à la terre. Je ne trouve non plus, ai-je ajouté, dans aucun des livres que vous avez dans votre école, la manière dont il faut agir pour cultiver la terre, ni les moments où il faut semer les diverses graines, ni la manière de le faire, selon les qualités de la terre, la saison, les apprêts de la terre et la position du pays. Si on ne peut donner des détails généraux, que l'on fasse au moins connaître ce que le bon cultivateur doit faire, n'importe dans quel pays qu'il se trouve, et qu'on donne l'idée de l'agriculture aux enfants en leur apprenant à lire.

Il m'a répondu que, jusqu'à présent, il n'avait pas encore été question de ces livres; mais qu'il y avait une très-grande quantité d'autres livres pour s'instruire et même plus que je n'en pouvais apprendre; que je serais bien content

15.

si je pouvais un jour raisonner sur la centième partie de ces livres qu'il y avait. Malgré mon désir de l'écouter, je n'ai pu m'empêcher de jeter un cri de douleur : « Où es-tu encore, mère de l'univers ! aucun des hommes capables ne s'occupent de toi ! Ceux qui enseignent à tes enfants ce qu'ils doivent faire pour être heureux ne te connaissent pas ! Ils ne savent pas ce qu'il faut te faire ! Ils ne savent pas encore que, sans toi, ils ne peuvent pas vivre, toi qui ne cesse de leur offrir ton sein, ce sein qui peut seul faire leur bonheur ! Ils se croient dans le siècle de lumières, et ils ne s'entendent pas mieux sur ce qui doit et peut faire seul leur véritable bonheur que ceux qui ont entrepris la tour de Babel. »

J'ai repris la conversation en lui disant : « Mais à quoi bon les cultivateurs envoient-ils leurs enfants à l'école, puisque vous ne leur apprenez rien qui peut leur être utile ? » Il m'a répondu que c'était pour qu'ils soient instruits et qu'ils puissent se trouver en société. Je lui ai dit que le cultivateur n'avait pas autant besoin de s'instruire pour aller en société que pour cultiver son champ ; que puisque je ne pouvais rien apprendre à l'école au-dessus de ce que mes parents ou mes maîtres savaient, je n'y viendrais plus. Sur ce il me dit qu'il ne pouvait pas m'apprendre à cultiver, qu'il ne le savait pas, parce qu'il était instituteur et non pas cultivateur. Je lui dis : « Mais si on vous avait donné des livres, lorsque l'on vous a envoyé à l'école, qui eussent traité de l'agriculture et qui vous eussent indiqué la véritable manière de cultiver ainsi que tous les noms des ustensiles aratoires, ne les auriez-vous pas appris et ne pourriez-vous pas aujourd'hui à votre tour m'enseigner à cultiver en m'apprenant à lire et à écrire ? Ne pourriez-vous pas me faire connaître

les noms et la manière de faire les divers labours, le moment et la manière d'ensemencer les propriétés selon la
position du pays et du sol, les diverses graines qu'il faut
semer dans telle ou telle terre, selon la qualité et la position du terrain, à cause de la qualité de la récolte précédente ou antérieurement à cette dernière? Ne pourriez-
vous pas, si vous aviez des auteurs, indiquer la manière
de cultiver la plante qui exige de l'être? Ne pourriez-vous
pas m'indiquer les divers engrais que je dois mettre dans
mes propriétés, selon la récolte que j'ai faite et celle que
je dois faire, la quantité de graine qu'il faut mettre dans
quarante-deux ares vingt centiares, le temps de la semer? Ne m'apprendriez-vous pas à gouverner les chevaux et à les conduire? Ne m'enseigneriez-vous pas tout
ce que je dois faire pour être bon cultivateur, sauf au
temps, cette grande puissance, à gouverner ma plante?
Si le cultivateur ne fait pas tout ce que la terre ou plutôt
tout ce que la plante exige, est-ce qu'il peut récolter? et si des temps favorables donnent une belle et
bonne récolte où on a mal cultivé; est-ce qu'elle ne serait
pas supérieure si on avait bien cultivé? Est-ce que l'on
n'aurait pas plus d'espoir pour la récolte suivante? Pourquoi
donc cette profession, qui est la profession par excellence,
et, comme je l'ai déjà dit, celle sans laquelle rien ne peut
subsister, pourquoi donc cette belle et grande profession
n'est-elle pas dirigée par des hommes capables, par des
hommes qui s'en occupent sérieusement, par des hommes
qui, en se réunissant, donnent des noms et des explications aux divers labours que l'on fait et la manière de les
faire, pourquoi on les fait dans telle ou telle qualité
de terre, et pourquoi les instruments aratoires ne portent-
ils pas les mêmes noms dans toute la France? et pourquoi

ne s'occupe-t-on pas plus de cette grande et importante question qui peut faire le bonheur du monde entier? Quoi qu'il en soit, je ne vous accuse pas, monsieur l'instituteur : ce n'est pas à vous de le faire, vous n'y êtes pas appelé ; mais nous avons des hommes animés des plus nobles intentions que je crois appelés à le faire ; s'ils ne le font pas, c'est parce que le moment n'est pas encore venu ; c'est parce que le temps, ce grand pourvoyeur, ne l'a pas encore ordonné, car les hommes chargés de donner l'essor à l'agriculture ont tous à cœur de remplir leur importante mission ; oui, lorsque les membres des Comices agricoles sauront qu'ils peuvent être utiles à leur pays, à leur arrondissement, principalement en indiquant la manière de cultiver la terre, ils le feront ; ils donneront les explications nécessaires ; ils feront connaître la manière de mettre des engrais sur la terre, le moment favorable, les semences qu'il faut y mettre et le mode de culture qui leur convient ; la manière d'élever et de nourrir les bestiaux, et tous les détails qui peuvent être utiles à l'agriculture, détails qu'on fera imprimer pour les élèves qui restent en pension. Voilà le seul moyen de donner une heureuse impulsion à l'agriculture, et chaque département pourrait en faire autant. » Ce sera la seconde partie sur l'agriculture ; les idées que j'émets resteront pour la première partie.

L'instituteur m'a répondu que mes idées étaient justes, et qu'il fallait espérer qu'avec le temps elles se réaliseraient ; que certainement des cultivateurs instruits enseigneraient un jour la manière de travailler la terre. C'est ce dernier mot qui m'a engagé de continuer d'aller à l'école, parce que j'avais l'espoir que cette grande question serait un jour résolue, et qu'il me faudrait de l'éducation pour lire et comprendre les bons principes qui seraient indiqués.

Lorsque le temps était mauvais, ce qui n'arrive que trop souvent en hiver, et que par suite je ne pouvais sortir mes chevaux, après les avoir convenablement pansés, je battais ou je m'occupais à d'autres travaux dans la ferme.

Je passai l'hiver à la ferme sans qu'il me soit arrivé rien d'extraordinaire. Je me suis occupé de labour, transports de fumier et autres engrais. J'ai continué, comme je viens de le dire, de m'instruire. Il est fâcheux, selon moi, que je n'aie pas pu acquérir de plus grandes connaissances. Toutefois je commençais à bien comprendre ce que mon maître me faisait faire. J'aurais voulu que cet hiver durât toujours, afin de pouvoir perfectionner mon éducation. Je ne savais pas si, l'année suivante, il me serait facile de pouvoir m'occuper encore un peu de mon éducation. Oh, que ce mot me plaisait! Il me plaît encore. C'est le motif qui me fait le répéter aussi souvent.

Au quatre février, j'ai été obligé d'abandonner l'école, parce que le temps était beau, qu'on pouvait labourer et enterrer les fumiers et engrais. J'avais compris le besoin de cultiver la terre et les soins que je devais donner aux chevaux, je les pansais aussi bien que le plus courageux des militaires pouvait panser le sien. Le soldat panse son cheval, il le soigne et il le nourrit, parce qu'il sait que, s'il ne le soigne pas, il pourra succomber dans le premier combat, que les ennemis le tueront ou le feront prisonnier. Je savais aussi que j'avais des ennemis à combattre; je soignais donc mes chevaux pour être le vainqueur de ces ennemis sans nombre, je savais que ces ennemis étaient bien plus dangereux que ceux du brave soldat dont je viens de parler. Les ennemis d'un soldat sont des soldats; il ne com-

bat que pour la gloire. Aussitôt que l'ennemi lui abandonne ses armes, il lui fait grâce. Personne n'a autant ni
d'aussi méchants ennemis à combattre que le cultivateur.
Avec eux, c'est une guerre à mort. Si la mauvaise
herbe était maîtresse, elle étranglerait tout ce qui est nécessaire à l'homme ; il se verrait forcé de mourir de faim.
La mauvaise herbe ne serait pas encore satisfaite ; elle viendrait encore, après les vers, sucer ce qu'ils auraient laissé
des débris de l'homme à la terre, qui est sa mère et nour-
rice jusqu'à sa mort. Si tous les cultivateurs comprenaient
comme moi leur devoir, nous ne verrions bientôt plus ce
cruel ennemi ; nous le rendrions si impuissant qu'il nous
serait facile de l'étouffer à notre première volonté. C'est
avec cette intention que je vais reprendre ma charrue.
« Imitez moi, vieillards que le courage seul conduira à ce
terrible combat ! imitez moi, hommes de l'âge mûr ! imitez
moi, jeunes cultivateurs, et vous, jeunes gens, que l'on
dispose à ces pénibles travaux ! ils ne sont plus terribles : vos
pères ont amélioré votre position. A vous, je ne dirai pas,
imitez moi ; je vous dirai : vos pères vous ont mis dans le
chemin de la victoire ; ils vous ont donné des armes ; ils
vous en offrent pour poursuivre ces terribles ennemis et
leur arracher la vie ; courage donc, combattez à outrance
jusqu'à ce que vous n'en laissiez qu'un sur mille, et vous
remplirez la volonté de Dieu notre Créateur. »
　C'est dans ces pensées que je suis parti avec mes chevaux et ma charrue. Je commence à labourer la terre la
plus ferme et ainsi de suite. Les mauvais temps qui sont
survenus dans cette saison m'ont empêché de suivre : c'est
l'idée qui m'était venu en allant à la première pièce. Je
commence à labourer ; le travail se faisait à merveille ; je
profitais des bons conseils que m'avait donnés mon guide,

l'année précédente, et des connaissances que j'avais acquises, par la pratique, dans ces sortes de travaux. Je labourais bien, et je me faisais un plaisir de le faire, j'avais tellement du goût à la culture, que je ne m'ennuyais pas une minute dans les champs. Si ce n'eût pas été nuisible à mes chevaux, j'aurais voulu que le soir ne vint jamais, parce que, dans cette saison, je ne faisais qu'une demi journée. Je choisissais les meilleures heures du jour, tant dans l'intérêt de mes chevaux que dans le mien. Que ceux qui liront ce que j'ai fait ne se trouvent pas surpris que je les place avant moi, ils l'étaient partout lorsque je pouvais le faire pour leur bien. Je puis le faire ici et je les place selon et comme je l'ai fait, selon et comme ma conscience me le dicte ; c'est le seul moyen d'avoir de bons chevaux. Avec de bons chevaux vous cultivez bien, vous vous épargnez du mal et vous avez de la satisfaction sans laquelle vous n'êtes jamais heureux. J'avais toujours toutes ces pensées lorsque je travaillais. Voilà pourquoi je ne m'ennuyais jamais, parce qu'il vaut mieux conduire les chevaux lorsque l'on a de la satisfaction que d'être dans la plus belle société du monde lorsque l'on n'en a pas. Lorsque vous n'avez pas de satisfaction, la vie vous est à charge, quelle que soit votre position, seriez vous même le plus opulent de la terre, et lorsque vous en avez, quelle que soit votre profession ou votre position, la vie vous est douce et vous êtes heureux. Ne reculez donc pas, ô vous, enfants de grands propriétaires ! cherchez à embrasser la profession de cultivateur quoiqu'elle vous paraisse vile ; vos moyens vous permetteront de bien cultiver. Les connaissances que vous avez, jointes à votre brillante fortune vous permetteront de faire des nouveaux essais en agriculture. Si vous ne réussissez pas dans ces essais, vous n'en serez pas plus pauvres, et vous aurez la satisfaction d'avoir cherché à être utiles à tous les hommes, qui sont vos frères. Si vous réussissez, vous contribuerez au bonheur du peuple, au bonheur des cultivateurs et de leurs ouvriers; ni les uns ni les autres ne vous oublieront jamais.

J'ai continué, pendant trois ou quatre jours, à labourer; le temps n'a cessé d'être beau, ce qui est rare dans cette saison. J'ai quitté les terres où j'étais pour aller dans celles qui étaient un peu plus humides, qui avaient moins de cervelle, qu'un peu de pluie ou seulement du brouillard empêche de bien labourer, en disant que j'avais toujours le temps de labourer les bonnes terres. J'ai encore labouré, tant par beau temps que par temps de gelées (les cultivateurs les appellent gelées bises), trois ou quatre jours dans les terres un peu bieffeuses, sans pluie. Mon guide est venu me voir. Il a été surpris de ce changement de ma part, non parce que je ne lui en avais pas demandé la permission, car je l'avais obtenue, mais parce que j'avais pu comprendre que la terre était assez sèche pour cultiver dans ces mauvaises terres, quoiqu'elles donnent bon produit, et que j'avais choisi le moment opportun pour pouvoir les labourer convenablement. Il m'en a félicité. Le lendemain de cette visite, il a plu. J'ai changé de pièce, et je me suis mis à labourer dans les terres fermes. Le travail se faisait encore très-bien pendant que je n'aurais pu rien faire si je n'avais pas eu cette précaution. Le moment de faire d'autres travaux serait venu; je n'aurais pas pu les faire : voilà souvent comment le cultivateur se met en retard. Une fois qu'il l'est, il l'est pour toute l'année; il ne l'est que parce qu'il n'est pas assez prévoyant. Il ne peut trouver d'excuses, parce qu'il n'est dérangé par personne. C'est la profession où il est le plus facile de vivre seul, et c'est pour cela qu'elle est la plus indépendante ; soyez ou plutôt soyons prévoyants, parce que c'est chose nécessaire en agriculture.

Il a fait mou sans forte pluie. J'ai continué de labourer dans les bonnes terres, ce qui rafraîchissait un peu mes chevaux, qui, dans cette saison, sont très-faciles à échauffer. Ils viennent de se reposer ; on leur donne souvent un peu plus de nourriture, afin qu'ils supportent plus facilement les pénibles travaux qui les attendent peu de temps après. D'un autre côté, le retour de la bonne saison y contribue aussi beaucoup. Il faut avoir soin de ne pas les forcer, il faut plutôt les ménager et les retenir, afin de les habituer de nouveau au travail, parce qu'à défaut de précaution on pourrait les rendre malades pour toute l'année, ce qui serait une perte plus importante qu'on ne le présume pour un propriétaire. Deux ou trois jours après, il a fait beau, et, comme il n'avait guère fait que des brouillards, j'ai labouré de nouveau dans les mauvaises terres ; j'y ai encore travaillé deux ou trois jours, pour les terminer.

Mars 1.er—Vers le 1.er mars, il continuait à faire beau ; il n'y avait plus que quelques petites pièces de terre à labourer. Mon guide me dit qu'il veut essayer s'il sait encore son métier ; que nous allons prendre chacun deux chevaux et une charrue, et qu'il viendra avec moi dans une autre pièce. Mais, cette fois, il m'a donné les deux plus forts chevaux en me disant : « Tu sais labourer ; tu apprendras bien seul maintenant ce que tu ne sais pas encore ; prends les meilleurs chevaux ; tu es plus alerte que moi ; tu pourras les faire marcher ; ce qui fut fait. » Nous sommes partis tous deux ensemble. Arrivés dans la pièce, il me dit de commencer dans un sens inverse à ce qu'il

16.

fallait. Comme je le comprenais, je lui ai dit: « Mon guide vous avez attendu trop tard. » Cette réponse l'a satisfait, parce qu'il a remarqué que je m'étais attaché à ce qu'il m'avait dit l'année précédente. Nous avons continué à labourer pendant quelques jours.

Dans ce contre-temps, je me suis trouvé avec un de mes amis du temps que j'étais vacher ; nous avons dîné ensemble dans les champs. Il y avait de là différence de position entre nous. Il était fils de maître et j'étais domestique ; mais il ne méconnaissait cependant pas les relations que nous avions eu dans notre jeunesse. Nous avons parlé un peu de toutes nos petites aventures et de mon âne. Il me dit : « Te souviens-tu encore de tout ce que tu faisais faire à ton âne ; il a bien perdu après toi, ce pauvre animal ; il te comprenait mieux qu'un chien. Je n'approuve pas le dicton qu'on applique aux ânes, le tien était très-intelligent, tu le faisais obéir en lui parlant, tandis que, ceux qui le conduisent maintenant, font des cris du diable et il ne veut plus marcher. Il est bien malheureux depuis que tu ne le conduis plus. » Je lui ai répondu que je lui donnais encore souvent à manger ; mais il est mal mené, lui dis-je, ce ne sont pas les hurlements qu'on fait derrière les animaux qui les font marcher, c'est plutôt la nourriture et les soins que tout autre chose, si j'osais, tiens, voilà des chevaux qui, je l'assurerais bien, avant un mois, marcheraient comme je le leur commanderais en leur parlant comme on parle à un homme. Ils sont bien plus intelligents que mon âne, et je suis certain que j'y parviendrais.

« Si j'étais maître comme toi, je le ferais. » Pourquoi ne le fais-tu pas, me répondit-il ? « Je ne le fais pas, lui ai-je répliqué, parce que ce n'est pas la place du domestique à prendre l'initiative. J'en ai bien l'idée et le goût ; chaque

fois que je leur commande à la manière dont nous le faisons,
j'y pense, surtout en voyant des chevaux comme les miens
qui sont toujours disposés à obéir. D'un autre côté, il convient, je crois, de parler aux chevaux en français; ce ne
serait pas plus difficile à faire ou à dire que ce que nous
disons; seulement il faudrait que les maîtres l'exigeassent
de leurs domestiques et que les enfants des maîtres com-
mençassent les premiers. Si tu veux le faire nous essaye-
rons. Mais Comment dirons-nous, en ce cas? Eh bien,
voilà mon avis, et je commence ainsi: Au lieu de: *yu*,
pour les faire marcher, nous dirons: *allez*; au lieu de:
wau, pour les faire arrêter, nous dirons: *là*, *arrêtez*;
pour les faire aller à droite, au lieu de: *hurhout*, nous
dirons: *à droite*; et, s'il n'obéissent pas, nous dirons: *à
droite*, *à droite*, en allongeant un peu; au lieu de: *yac-
haut*, nous dirons: *à gauche*, et nous le répéterons s'il le
faut; pour les faire tourner court, à droite ou à gauche,
nous répéterons les deux mots précédents: *à droite* ou *à
gauche* d'une voix sèche; pour les encourager, nous dirons
précipitamment: *allons*, *allons*; pour les apaiser, lorsqu'ils iront trop vite, nous dirons: *là*, *là*, en allongeant
un peu; pour les faire varier un peu en montant, nous
dirons: *à droite* ou *à gauche*, un peu précipitamment. Ces
animaux sont si intelligents qu'ils savent, pour ainsi dire,
ce qu'ils ont à faire; et d'un autre côté, les guides ou cordeaux sont là pour les faire obéir, et le fouet pour leur
faire retenir. Les propriétaires doivent rougir de ne pas
mieux dresser leurs domestiques. Leurs enfants apprendront même à l'avenir les mots qu'il faut dire à leurs
chevaux pour bien les conduire: c'est en outre très-natu-
rel. Leurs parents seront satisfaits de voir que l'on cherche
à donner de l'essor à l'agriculture en commençant à diriger

la conduite des chevaux par des mots français, tandis qu'à entendre un charretier commander ses chevaux aujourd'hui, on ne peut pas savoir de quel pays il est, ni quelle langue il parle. Ce qui démontre que les chevaux sont aptes à apprendre, c'est qu'il n'est même pas besoin qu'on leur parle pour qu'ils agissent convenablement, parce qu'il y a des sourds-muets qui en conduisent, et qui les conduisent très bien ; et nous qui sommes doués de tous nos sens, nous ne comprenons pas que nous pouvons faire obéir nos chevaux en leur parlant français ; nous devrions rougir de voir que l'affliction de ces hommes les rendent supérieurs à nous. J'en demandrai à midi la permission à mon maître. S'il y consent, je commence dès cet après-midi. Partons vite chacun à notre travail, parce que je crois que nous ne nous sommes pas ennuyés ; nous reprendrons, à la première occasion, notre entretien de ce jour ; mais nous nous promettons de faire tous nos efforts pour obtenir la permission de faire notre épreuve : si nous l'obtenons, nous le ferons ; on parlera peut-être de nous plus tard en France, et on nous louera d'avoir eu une aussi bonne idée ; on verra que nous sommes de vrais Français et que nous faisons comprendre notre langage à nos chevaux. Nous serons imités par tous ceux qui conduisent et dirigent les bestiaux. Il n'y en a que pour un an pour que cela se pratique dans toute la France, parce que le gouvernement s'en occupera. Il achète des chevaux en France ; ils comprendraient de suite tout ce que les chefs et les soldats diraient. Outre cela, il y a des chevaux de cultivateurs qui deviennent très-beaux, que l'on vendrait aux grands propriétaires ; ils seraient tous dressés et vaudraient pour l'amateur cinquante francs de plus. Notre entretien aura plus d'importance que nous ne pou-

vions en espérer dans le début; adieu, je cours à ma charrue. « Je me disais, en retournant à mes chevaux : il y a
longtemps que je ne me suis autant amusé ; mon guide va
peut-être me gronder ; mais quand il le ferait encore, je
n'ai pas de regret de m'être arrêté quelque temps, parce
que chercher quelque chose qui peut être très-utile à la
profession qu'on exerce, ce n'est pas s'amuser. Si mon
guide se plaint, je lui répondrai en lui expliquant le motif
qui m'a retenu, et il me pardonnera, parce qu'il sait que
je ne m'amuse presque jamais.

J'avais promis à mon ami que je demanderais à mon
maître la permission de commander mes chevaux comme
je viens de l'expliquer. Mais je ne voyais pas arriver assez
vite le moment de mettre mon projet à exécution. A l'instant où je suis arrivé près de mes chevaux, je leur ai
dit : allez. Ils ont su que j'étais arrivé et compris qu'il
fallait marcher. Il est même possible que quand j'aurais
dit : arrêtez, ils seraient partis également. Enfin, ils
ont toujours obéi. J'en ai été satisfait. Arrivé au bout
du sillon, j'ai crié : à droite ; ils ont tourné à droite, et
ainsi de suite comme je l'ai expliqué plus haut. J'ai continué pendant quinze de jours à les conduire de cette manière. Lorsqu'il y en avait un qui paraissait ne pas comprendre, je lui donnais un léger coup de fouet après lui
avoir répété le mot, en tirant un peu le cordeau ou guide
pour qu'une autre fois il fasse attention au commandement.
Mes chevaux comprenaient tout ce que je leur disais, et
ils étaient bien plus obéissant qu'avant. Les hurlements
que j'avais l'habitude de faire comme beaucoup d'autres,
n'allégeaient en aucune façon les travaux.

Mon guide ne s'était pas aperçu de ma nouvelle manière
de parler aux chevaux, dans les premiers jours, parce

16.

que je n'en avais pas demandé la permission dans la crainte d'éprouver un refus ou de ne pouvoir réussir, et je me gardais bien de le faire en sa présence, afin qu'il ne m'entendît pas ; mais, aussitôt que mes chevaux ont été à peu près dressés, je lui ai fait connaître ma nouvelle manière de les conduire. Il en a été satisfait. Il m'a même dit qu'il allait faire comme moi pour les siens. Comme mes chevaux avaient déjà l'habitude de m'obéir de cette manière, que j'avais perdu mon ancienne habitude de leur parler, je donne le conseil à mon guide de prendre mes chevaux, qu'il m'était plus facile qu'à lui de dresser ceux dont il se servait. Il y a consenti.

Au bout de dix jours, j'avais dressé ses chevaux. Il a continué de parler à ceux qu'il conduisait comme je le faisais, et il était enchanté de mon système. Nous avons continué de les conduire de cette manière depuis cette époque, le fils du propriétaire dont j'ai déjà parlé nous imita. Les autres charretiers du hameau nous plaisantaient dans le début, en nous disant que nous avions l'air d'être de grands propriétaires à nous entendre passer et parler à nos chevaux. Nous leur avons répondu : « Vous vous trompez, nous ne sommes que domestiques et nous dressons convenablement les chevaux pour eux s'ils en ont un jour besoin. » Ils ont été obligés de s'incliner et de reconnaître que notre manière d'agir annonçait le progrès. J'espère que tous ceux qui en auront connaissance feront comme eux.

Quelque temps après la première entrevue que j'ai eue avec le fils du fermier ou propriétaire en question, je me suis encore trouvé avec lui ; nous nous sommes fait part du bon résultat de notre épreuve, parce qu'il était parvenu comme moi à dresser ses chevaux de la manière dont je viens de parler. C'est ce qui nous a satisfait tous deux. Il m'a avoué de plus qu'il en avait causé avec des amis, et qu'ils avaient approuvé sa manière de conduire ses chevaux. Ils lui ont même dit qu'ils ne conduiraient plus leurs chevaux autrement, et qu'on devrait l'avoir fait depuis longtemps, principalement depuis que l'éducation se propage, et qu'il fallait espérer que tous les cultivateurs le feraient sous peu de temps. Il nous faut voir, me dit-il, à changer les noms que nous donnons à nos chevaux, selon la manière dont nous les attelons pour les faire travailler. Nous avons un peu réfléchi là dessus, et voici ce que nous avons arrêté :

Cheval de *cordeau*, nous l'avons appelé *guide*; celui de *sous-verge* avec lui, nous l'avons appelé *sous-guide*; celui qu'on met de *panneau*, nous l'avons appelé *porteur*; celui de *sous-verge*, c'est-à-dire à côté de celui de *panneau*, nous l'avons appelé *sous-porteur*; et celui dont les maîtres se servent, *bidet*. J'ai donc dressé mes chevaux de la même manière que je l'avais fait précédemment, pour leur indiquer ce qu'ils avaient à faire, en peu de jours, ils ont inconnu leur nom, parce que le cheval est un animal très-intelligent. N'en a-t-on pas la preuve par les exercices qu'on leur fait faire dans les cirques? Ces chevaux sont les mêmes que ceux que le cultivateur conduit; ils savent tout ce qu'on leur apprend. Il est vrai qu'il faut passer beaucoup de temps lorsque l'on veut leur apprendre beaucoup de choses; mais le cultivateur n'a besoin que de les dresser à cultiver et charrier. Ils peuvent tout savoir en quinze jours. Il faudrait avoir bien peu d'amour-propre pour ne pas le faire. J'espère que tous les cultivateurs nous imiterons parce que nous y sommes parvenus, mon ami et moi, en très peu de temps et sans aucun mal. Nous avons eu depuis bien des imitateurs ; je fais des souhaits pour que tous les cultivateurs suivent notre exemple.

Avril 3. — Je ne dois pas, à cause de ces explications, laisser de côté le travail que nous avons fait depuis vingt jours parce qu'il a fait très beau. Nous avons pu terminer d'enterrer les fumiers que nous avions charriés l'hiver, parce que mon guide n'en laissait jamais à la surface de la terre qu'autant qu'il ne pouvait pas les enfouir. Nous avons terminé nos labours. Ces travaux terminés, mon guide, qui avait déjà quelque confiance en moi ; m'a fait prendre la herse de fer avec trois chevaux pour travailler quelques pièces de terre nouvellement labourées, et y déposer du fumier. Comme j'avais eu soin d'examiner comment il s'y prenait les années précédentes, je ne me trouvais plus aussi embarrassé. Lorsque j'arrivais dans une pièce en côte et dont la longueur était en montant, je cherchais à prendre le labour en travers, afin d'éviter du mal à mes chevaux. Lorsque le labour se retournait par trop fort, que je ne pouvais pas le faire, je le prenais au levant, afin de couper un peu les sillons que la charrue avait faits. Lorsque j'avais passé une ou deux fois, selon le besoin, je hersais une fois en travers, et le travail se faisait parfaitement. Lorsque j'arrivais dans une pièce de la même position, où la terre était très dure, je la hersais en travers, je coupais les sillons de la charrue ; ma herse prenait mieux et je fatiguais moins mes chevaux. Je hersais ensuite en long ou en levant un peu longuement. Les sillons que la herse avait faits la première fois se trouvaient coupés en même temps que les sillons de la charrue. Le travail s'exécute toujours mieux de cette façon. Je reprenais la pièce en travers et ainsi de suite selon les besoins ou suivant les grains que l'on devait y ensemencer. Lorsque je levais de grosses roques, je donnais un ploutrage entre le premier et le deuxième hersage ou quelquefois entre le deuxième ou le troisième, ce qui rendait le travail plus parfait.

Lorsque je hersais dans des terres en plaine, et qu'il y avait assez de largeur, j'allais en long et en travers ; je commençais par marcher en long pour ne pas retourner entièrement le labour. Par ce moyen je remuais la terre qu'il y avait autour des racines de l'herbe, afin de la faire mourir ou arrêter sa végétation et de l'enfouir plus tard dans la terre avec ma charrue et la faire pourir, et je la ploutrais.

Quand je mettais la herse dans des terres légères, j'avais une grosse perche d'environ deux mètres avec une corde vers un des bouts. Je la mettais sous la barre de derrière, je faisais sortir un bout de ma perche, derrière la herse, afin de lui donner du support, pour qu'elle ne s'enfonce pas trop profondément dans la terre, et que le travail se fasse mieux et aussi pour soulager mes chevaux. Quand je hersais des terres destinées à être ensemencées sans nouveau labour, j'avais soin de ploutrer assez souvent pour bien remplir tous les vides, pour que la terre ait une surface bien unie et aussi pour mieux la remuer, parce que j'avais beau bien herser une pièce de terre, toutes les fois qu'elle n'était pas ploutrée ou roulée. Une fois qu'elle était un peu démontée avant de recevoir le dernier coup de herse, le travail n'était jamais bien fait. Il faut ploutrer ou rouler. Ce n'est qu'en suivant ce mode qu'on peut en apprécier le mérite.

Lorsque je hersais dans une pièce nouvellement labourée, je la ploutrais afin que ma herse arrangeât mieux la terre. J'ai eu beau chercher à éviter ce travail pour gagner du temps, j'ai toujours reconnu que c'était un mauvais calcul, surtout lorsque je voulais bien arranger la terre.

Enfin lorsque je devais donner le dernier coup de herse dans une pièce ensemencée ou même dans une pièce qui ne l'était pas, j'avais toujours bien soin de terminer ma besogne de façon que l'eau des pluies abondantes ne vienne pas couler le long des raies que les dents faisaient. Je prenais les mesures nécessaires, selon la position du terrain, afin que l'eau ne dégrade pas la propriété et n'enlève pas les engrais et labours que j'avais eu tant de mal à lui donner. Je prenais encore mieux mes précautions pour le faire, lorsque la semence y était déposée. C'était un puissant motif de plus. Il y en avait encore un autre plus puissant pour que je le fisse, puisqu'il fallait que mon dernier travail restât pendant le temps nécessaire qu'il la plante pour mûrir et même encore plus longtemps. Je me mettais toujours en garde contre le temps qu'il pourrait faire, en profitant du moment favorable pour faire tout ce que je croyais utile, parce que je ne savais quel temps il ferait plus tard. Il faut se mettre en garde contre les mauvais temps afin qu'ils causent le moins de dommage possible.

CHAPITRE IV.

Je continuai toujours à cultiver, mon guide était souvent avec moi : lorsque j'étais quelques jours sans le voir dans les champs, je m'ennuyais, parce qu'il me donnait de bons conseils. Il me disait de plus que la profession de cultivateur était quelquefois très-difficile ; mais, ajoutait-il, on est libre et on n'a que son travail à suivre ; dès que l'on est courageux et exact, on peut vivre heureux, parce que la terre récompense toujours celui qui la cultive bien. Si l'on ne réussit pas tous les ans, comme on peut l'espérer, on réussit souvent. Il y a même des années où la récolte dépasse les prévisions du propriétaire ou fermier : celles-là compensent les mauvaises années. Il faut avoir du courage, bien cultiver, ne pas laisser pousser d'herbe dans sa propriété ; je te le répète encore, quoique je pense que tu m'aie compris, et que je m'en aperçoive à ton travail ; que tu fais avec plus de soin. S'il échappe un chardon à ta charrue ou une autre mauvaise plante, tu l'arraches avec tes mains, tu prends bien ta mesure pour bien retourner toute la terre. Lorsque tu fais de forts labours, tu herses bien, tu as bien soin de croiser ton travail, afin de mieux remuer la terre ; s'il échappe une roque à ton ploutoir ; tu as soin de la casser avec ton pied ; s'il y a un mauvais gazon d'herbe à la surface de la terre qui ait aussi échappé à tes instruments, tu le secoues, afin d'exposer ses racines à l'ardeur du soleil qu'il les dessèche ; tu as bien soin, lorsque tu laboures, de ne pas laisser de prairie le long des rideaux ; tu veille à ne pas enlever la petite prairie qui est dans le fond d'un petit courant d'eau et qui empêche l'eau d'emporter la terre, de faire un ravin et de gâter la propriété, parce que si nos pères, quoique nous soyons encore peu capables, avaient eu soin de ne pas laisser faire de dégradations, qu'ils aient cherché à les arrêter par de petites plantes et de l'herbe tu ne verrais pas tant de ravins, qui mangent et gâtent beaucoup de propriétés, parce que ce n'est pas la grande quantité d'eau qui y passe, qui en est la cause, c'est plutôt parce que nos prédécesseurs n'ont pas compris le mal et le préjudice qui en résulterait s'ils ne les arrêtaient pas: Il ne faut pas leur en vouloir s'ils né l'ont pas fait, c'est parce qu'ils n'en connaissaient pas l'importance. Nous avons, selon nous, des fautes à leur reprocher, mais il faut leur pardonner. Ils ont fait tout ce qu'ils ont pu ; ils ont défriché la terre sans instruments et sans aucune connaissance de ce qu'ils faisaient ; ils ont eu bien du mal à le faire et à se procurer tous les instruments nécessaires. Avant de faire ces instruments, il a fallu les inventer; il a fallu le développement du génie de l'homme pour y parvenir ; nous ne devons pas accuser ceux qui nous ont précédé de ne pas avoir fait plus ; il faut au contraire les louer de leur courage et de leur persévérance ; remercions-les donc de ce qu'ils ont fait; tachons de trouver ce qui nous manque pour achever cette grande œuvre qu'ils ont commencée, parce qu'elle n'est encore qu'à son début. »

Comme mon guide disait ce mot, il fut appelé par un propriétaire. Il me laissa seul continuer mes travaux. Je réfléchis à ce qu'il venait de me dire en examinant les grands ravins que je voyais autour de moi. J'ai reconnu que ce qu'il m'avait dit était vrai ; qu'il ne passait presque pas d'eau ; que s'ils étaient aussi grands, ce n'était qu'à force de temps et non par la négligence des cultivateurs qu'ils avaient pu s'aggrandir autant. Rien ne s'oppose, me suis-je dit, à ce qu'ils causent aujourd'hui un préjudice considérable à l'homme. Je vais faire, dès à présent, plus d'efforts que je n'ai jamais fait pour laisser un peu de verdure dans les petits courants d'eau, parce que l'expérience me prouve que si je laisse emporter la terre par l'eau, il finira par y avoir un grand ravin là où il n'y a qu'un petit ruisseau, principalement où les pentes sont rapides. Si je ne puis y parvenir avec des herbes, j'y apporterai de la jeune plante de bois en temps et saison je la planterai pour qu'elle reprenne, afin que ses racines retiennent la terre et que le petit ravin ne s'agrandisse pas, et qu'il tende plutôt à se combler. Ces affreux ravins déprécient les propriétés et en les partageant en deux parties rendent la culture difficile.

J'ai aussi réfléchi sur ce que mon guide m'avait dit des instruments aratoires. Il est vrai que nos pères ont commencé sans aucun instrument, et, si nous n'avions pas d'instruments, nous ne pourrions pas cultiver. Ceux dont nous nous servons sont encore ceux qu'ils nous ont donnés ; nous n'en avons guère d'autres. Comment ont-ils pu se procurer ceux qu'ils nous ont laissés ? Il est probable que c'est avec le temps et à force d'essais qu'ils y sont parvenus,

17.

parce qu'il n'y a pas de plus grand génie que la nécessité. Ceux qu'ils nous ont laissés sont imparfaits. Il faut espérer qu'avec le temps nous pourrons en inventer d'autres qui nous seront plus utiles et qui contribueront à faire notre bonheur, parce que, comme me le disait mon guide, il y a un instant, la culture n'est encore que commencée et que c'est à nous à la perfectionner. Cette parole de mon guide me préoccupait beaucoup ; évidemment puisque je vois toutes les terres ensemencées, c'est qu'elles ont été cultivées ; je ne comprends pas bien ce qu'il a voulu me dire. Je le vois revenir, je vais lui en demander l'explication. Se rendant à mon désir il m'a répondu en ces termes :

« Comme tu le dis, toute la terre que tu vois et que tu as vue en voyageant est cultivée selon toi ; elle l'est aussi. Cette remarque prouve en ta faveur : elle témoigne que tu t'occupes de la profession que tu as embrassée et que tu veux savoir si d'autres ne travaillent pas mieux que toi ; oui tu cherches si d'autres cultivateurs né cultivent pas mieux que toi, et, par conséquent, s'ils ne récoltent pas plus. C'est à ce sujet que je viens te dire que la culture n'est encore que commencée. Lorsque je suis entré, il y a plus de trente ans, chez notre maître, toutes ces terres que tu vois et que tu cultives toi-même tous les jours étaient pleines d'herbes. On ne les cultivait pas ; on ne leur donnait que deux sillons de charrue pour semer le blé ; on ne les hersait presque pas ; on n'y mettait pas de fumier ; on ne les ensemençait que très-tard, souvent dans les pluies, et il ne venait pas deux cents bottes de blé dans quarante-deux ares vingt centiares, ce que nous appelions journal ; on ne le récoltait que très-tard, et on attendait quelques fois que le blé soit rentré pour semer, parceque la moisson

ne se faisait qu'au mois de septembre. Tous les cultivateurs étaient pauvres ; ils avaient des domèstiques à qui
ils ne donnaient que cent fr. par an, et leurs enfants mouraient de faim. Il en était de même des moissonneurs et de
tous les ouvriers indistinctement. Si on semait de l'avoine,
on ne tournait la terre qu'au mois de mars ; on la semait
souvent avec une mauvaise herse dans le commencement
de mai, et on ne l'arrangeait plus après. Lorsque l'on
allait charrier, on mettait quelquefois la récolte de deux
à trois hectares de bonne terre sur un charriot. La semaille
de blé n'était pas faite que les chevaux avaient mangé la
moitié de l'avoine que le fermier avait récoltée. Aussitôt
la semaille de blé terminée, on ne donnait plus d'avoine
aux chevaux ; on ne labourait presque pas ; on ne faisait
pas de fumier ; on ne charriait pas de cendre ; et, pour
finir, on ne faisait presque rien ; et, malgré cela on ne
passait pas un jour sans relever un et quelques fois plusieurs chevaux de cultivateur, parcequ'ils n'étaient pas
nourris, et tous les bestiaux indistinctement étaient dans
un piteux état. La moitié des cultivateurs n'étaient couverts que de mauvais haillons ; leurs domestiques étaient
encore bien pis. Il en était de même de tout ce qui concer-
nait une ferme, soit pour les ustensiles aratoires, soit sous
le rapport des constructions. La Providence a permis que
quelques hommes éclairés et assez fortunés s'occupent d'a-
griculture, et peu à peu elle a fait des progrès. C'est dans
ce moment que je suis entré chez le père de notre
maître pour conduire les chevaux. La terre était dans
l'état, que je viens de te dire. J'étais jeune ; j'avais de la
force et du courage ; je me suis dévoué aux intérêts de
mon maître j'ai eu soin des mauvais chevaux qu'il m'a
donnés, j'ai fait tous mes efforts pour avoir des instruments

aratoires convenables. J'aidais les chevaux en labourant, parce que j'avais soin de soulever un peu ma charrue de temps en temps; je les soulageais. Ils s'encourageaient, et je faisais plus de travail qu'un autre. J'ai ensuite prié mon ancien maître d'avoir une herse avec des bouts de dents en fer que l'on appelle herse à buge, et c'est encore la plus commune aujourd'hui. Il n'y a encore que les grands cultivateurs, qui en ont avec des dents tout en fer. J'ai hersé la terre le plus que j'ai pu, principalement les jachères, cette année là, parce qu'en ce temps là on ne semait presqu'encore rien en jachère. J'ai pu faire mourir en été ce qu'il y avait d'herbe dans la pièce de terre de mon maître. J'allais tous les jours labourer ou herser. Je ne forçais pas mes chevaux parce qu'ils étaient faibles, et que je n'avais presque pas de nourriture à leur donner. Je suis cependant parvenu, vers la Saint-Jean, à faire mourir les herbes. J'ai charrié ce qu'il y avait de fumier, dans la cour de la ferme, sur les propriétés de mon maître; j'en ai fumé une belle pièce, parce qu'à cette époque on ne charriait souvent que deux fois par an. Aussitôt que mon fumier a été charrié, je l'ai enterré avec toutes les herbes sèches qu'il y avait à la surface de la terre. J'ai recoupé la pièce qui avait été fumée la première; je lui ai donné, comme aux autres pièces, un bon labour parce que j'avais bien hersé. Aussitôt que j'ai eu fini de recouper, j'ai ploutré ou roulé toutes les pièces pour que les rayons du soleil ne dessèchent pas entièrement la terre, qu'elle se resserre un peu et qu'elle reprenne humidité. Quelque temps après j'ai hersé toutes ces terres; je leur ai donné ensuite un petit labour, parce que nous n'avions pas encore de peit binot. Je les ai soignées le plus qu'il m'a été possible. Toutes les mauvaises herbes que j'avais enfoncées ou enfouies n'ont pas repris. Nous avons ensemencé le blé cette année là dans des terres presqu'aussi nettes d'herbe que celles où nous sommes aujourd'hui. Le blé a bien levé ; il s'est maintenu assez bien l'hiver ; le fumier et les herbes que j'avais enfouis ont pourri dans la terre ; ils lui ont donné de la végétation dans la bonne saison. La bonne culture que j'avais faite a aussi aidé la végétation. Mon maître a fait une récolte comme on n'en avait jamais vu. C'est de cette année que date son avancement sur les autres fermiers ; ils n'ont jamais pu le rejoindre depuis cette époque, parceque la récolte de mars a aussi contribué à son avancement, et je vais t'expliquer en peu de mots la manière dont j'ai agi.

« Les moyens que j'ai employés pour cultiver la solle dite de jachères m'ont donné la facilité de semer les blés en temps opportun. J'avais presque terminé la semaille de blé pour le premier octobre, moment où il a fait bien des jours de grandes pluies qui ont considérablement dérangé les cultivateurs qui n'étaient pas aussi avancés que moi, et qui ont semé leurs blés dans l'herbe, dans la boue, et tu dois juger, s'ils ont eu une récolte favorable, puisqu'ils avaient semé presque sans culture et sans engrais. La semaille était terminée ; mes chevaux se trouvaient fatigués ; j'ai profité de quelques jours de pluie qu'il a fait pour leur laisser prendre quelque repos. J'ai repris l'homme qui m'avait aidé dans la semaille de blé. Nous avons, ce qu'on appelle en terme de culture, binoté toutes les terres qui étaient sales et pleines d'herbe, où mon maître avait récolté du blé. Ensuite nous avons binoté celles où il y avait eu de l'avoine. Nous marchions toujours comme en pleine semaille. Il n'est venu que quelques jours de petite pluie pendant que nous avons exécuté ces travaux, ce qui ne nous a pas empêchés de continuer. Nos chevaux

17.

étaient presque dans toutes terres fermes et des éteuilles ; ils ne s'enfonçaient pas dans la terre comme ceux qui n'avaient pas terminé leur semaille avant les pluies, opération qu'ils n'avaient pour ainsi dire que commencée. Nous étions nous-même bien plus heureux que les malheureux charretiers dont je te parle, qui ne faisaient que du mortier. Tandis qu'ils ont terminé leur semaille, nous avons binoté presque toutes nos terres où on avait récolté du blé, ou de l'avoine, à l'exception de celles où il y avait du trèfle. Je me rappelle toujours qu'il a fait presqu'une semaine de beau temps vers le vingt ou trente octobre. Nous en avons profité pour herser toutes les terres que nous avions binotées. Nous avons, par notre hersage, mis toutes les herbes que nous venions d'enfouir avec nos charrues à la surface de la terre. Nos herses avaient arraché toutes les racines que nos charrues n'avaient pas coupées avec leur fer. Ce travail terminé, nous avons charié les fumiers qu'il y avait dans la cour, sur la terre à trèfle, afin de semer un peu de lin au retour de la bonne saison. Nous avons ensuite tourné toutes nos terres à trèfle, en commençant par celles ou il y avait du fumier. Ce travail achevé, nous avons commencé à tourner la terre pour semer de l'avoine. Comme nous avions déjà donné un labour et hersé, il nous était plus facile d'enfoncer notre charrue un peu plus profondément, et toutes les herbes qu'il y avait à la surface de la terre ont été enfouies. Ce travail nous a mené, autant que je puis me le rappeler, jusqu'au quinze janvier suivant, parce que nous avons été arrêtés par quelques jours de fortes gelées qu'il a fait en décembre ; mais qui n'ont pas duré longtemps. Aussitôt que nous avons eu labouré ce qui nous restait de terre pour semer de l'avoine, il a gelé de nouveau, et nous avons charié le fumier, qu'il y avait dans la cour, sur la terre déjà tournée ; parce qu'il y avait si peu de paille dans ces temps-là que le fumier était tellement court qu'on pouvait le conduire sur des labours. Il n'empêchait pas la herse de passer ; et, d'un autre côté, on ne faisait presque pas entrer les dents de la herse dans la terre, et le fumier posé sur la terre en hiver ne dérangeait pas la culture. Ces transports terminés, il a dégelé, et nous avons laissé reposer nos mauvais chevaux que je soignais bien, et qui étaient encore les plus beaux de tout le hameau et même des pays voisins. Aussitôt après le dégel et lorsque la terre a été un peu raffermie, nous avons commencé à enterrer les herbes qui se trouvaient à la surface des terres à l'avoine, et nous avons continué, lorsque le mauvais temps ne nous en empêchait pas de faire cette opération que l'on appelle gacrer, jusque vers la fin de février. Je dois te dire en passant que, dans ce temps-là, aucun cultivateur ne commençait à labourer les terres où il avait eu de l'avoine, qu'après que la semaille de mars avait été faite au mois de mai. Nous avions donc deux labours de fait dans nos terres à pousser en jachère plus de deux mois avant que les autres cultivateurs aient pu donner leur premier labour, parce qu'ils tournaient encore les terres pour semer de l'avoine à la fin de mars et quelquefois plus tard, et que la semaille de mars les tenait occupés au moins jusqu'à la fin d'avril et très-souvent jusque dans les premiers jours de mai. Tu dois, malgré ton jeune âge, comprendre le bon effet que cette culture a produit sur des terres qui n'avaient pour ainsi dire jamais été cultivées. Les herbes que nous avons détruites et enterrées ont servi d'engrais, parce que n'étant plus tenues par leurs racines à la terre, elles se sont pourries tant sur la surface de la terre que dans la terre, pendant l'hiver : c'est ce qui nous a donné la facilité de bien cultiver pendant toute l'année, parce que notre maître, voyant la marche que nous prenions pour bien cultiver, a eu l'espoir d'une bonne récolte et n'a pas hésité à acheter de l'avoine et des fourrages pour ses chevaux, afin que nous puissions les faire travailler.

Nous avons semé les avoines avec beaucoup de facilité ; la terre était nette. L'herbe que nous avions enterrée était pourrie, et notre maître a fait, comme je l'ai déjà dit, une récolte extraordinaire cette année-là. Il a eu de la paille pour faire plus de fumier qu'il n'en avait fait pendant les cinq années précédentes, et c'est, je le répète, de cette année que part son avancement sur les autres fermiers. J'étais tellement satisfait de la bonne culture que j'avais faite et de l bonne récolte qui l'avait suivie que je me figurais qu'il était impossible de mieux cultiver et de mieux récolter. Mais le temps et l'expérience m'ont démontré que nos pères n'ont fait que commencer à cultiver la terre. Depuis ce temps je cultive et je vois cultiver de mieux en mieux, et récolter de plus en plus. J'avais toujours la crainte que la terre s'épuise ; je l'ai même eu très-longtemps. Je m'appliquais toujours à examiner la culture et les récoltes. A force d'examiner et malgré les grands progrès qu'a faits l'agriculture, depuis un demi siècle, je suis certain que la culture n'a pas encore atteint la moitié de l'importance qu'elle exige, comme je suis aussi convaincu que la terre peut produire et produira, sous peu de temps, plus du double de ce qu'elle produit aujourd'hui, et malgré mes faibles connaissances, je suis prêt à le prouver à celui qui osera me le contester. »

Octobre 15. — Chaque fois que j'avais un entretien avec

mon guide, il m'encourageait; et comment ne m'aurait-il pas encouragé, lorsqu'il me démontrait, d'une manière aussi claire qu'il le faisait, tout le mal que nos pères ont eu pour amener l'agriculture au degré où elle est? Ils l'ont fait sans connaissance, sans nourriture, sans expérience, sans éducation, presque sans chevaux, sans instruments, sans chemins, sans engrais et sans argent. Ils nous ont amené l'agriculture dans un état prospère. Ils nous donnent en plus les connaissances de la culture, l'expérience de l'éducation, des nourritures des chevaux, des instruments, des chemins, des engrais et de l'argent. Comparons donc la position où nos pères se sont trouvés avec celle où nous sommes en face de l'agriculture; ayons égard à ce qu'ils étaient et à ce qu'ils ont fait; examinons ce qu'il faut que nous fassions pour les imiter; voyons même s'il nous serait possible de le faire. Après sérieux examen, je réponds, non. Cela nous serait impossible, et, pour que nous puissions le faire, il faudrait que nous fussions plus de dix ans dans la misère, parce que c'est dans la misère que sont nés les plus grands génies, et d'où naissent les plus belles fleurs. Nous sommes dans le chemin de la victoire, cherchons à nous y maintenir en redoublant de courage et d'activité pour cultiver cette terre qui est inépuisable.

J'ai continué, pendant toute l'année, à conduire les chevaux sous la direction de mon guide, sans qu'il me soit arrivé rien d'extraordinaire. Il m'aidait dans les moments les plus pressants et dans ceux où la culture demande le plus d'activité. La récolte a été superbe; elle était au-dessus des années précédentes; nous l'avons rentrée avec beaucoup de facilité et par des temps avantageux. Mon maître, quoiqu'indisposé, n'était plus aussi souffrant, et il éprouvait beaucoup de satisfaction à la ferme; mais, quelque temps après mon guide tombe malade et meurt. Il est décédé le 15 octobre 1842, après deux ou trois jours d'une terrible maladie qui l'a empêché de me donner d'autre explication avant de mourir.

Me voilà tombé dans de nouveaux ambarras, dans de nouveaux chagrins et dans une position plus fâcheuse que jamais. Que vais-je faire? Que va devenir la culture avec un maître malade, qui ne peut sortir, ni diriger les travaux, qui demandent tant de soins et de combinaisons? Je sais un peu cultiver; j'ai été bien enseigné; mon guide m'a donné de bons conseils; je cultivais bien; tout cela est vrai, mais il me guidait dans tout ce que faisais; il me faisait prévoir l'avenir; je n'étais jamais embarrassé avec lui. Il m'a montré la manière de nourrir les chevaux et de les conduire; tout cela est vrai, et c'est déjà beaucoup; mais ce n'est rien en comparaison de ce que je ne sais pas. Je n'ai pas d'expérience; je ne sais pas où il faut conduire les fumiers. Si je le sais, c'est d'une manière imparfaite. Je ne sais pas ce qu'il faut ensemencer, l'an prochain, dans les terres, ce qui m'empêche de les disposer convenablement, afin d'avoir un beau produit. Je ne sais pas si on peut semer souvent des petites graines dans les mêmes terres, sans leur nuire, ou sans diminuer la récolte. Je ne sais, que d'une manière imparfaite, le véritable moment où il faut le faire; je ne sais pas la quantité de graine qu'il faut pour ensemencer un journal de terre (quarante-deux ares vingt centiares), selon la graine que l'on veut ensemencer, ni la manière de le faire; enfin, moi qui marchais si bien avec mon guide, avec tant de courage et d'activité; mais qui, lorsqu'il était encore vivant, pensais tout savoir, je m'aperçois aujourd'hui que je ne sais plus rien;

et, je le répète, que vais-je faire? que vais-je devenir?
Comment ferai-je pour maintenir en bon état ce qu'il a eu
tant de mal, depuis de nombreuse années, à cultiver et à
améliorer, lui qui entretenait la culture dans un état si prospère. Je vais sans doute laisser annihiler les progrès qu'il a
faits. S'il revenait et qu'il vît les terres en mauvais état,
et que je n'ai pas continué à leur donner de l'amélioration, il me chasserait, il me maudirait, et me donnerait
sa malédiction ; mais il ne peut revenir ; il ne reviendra
pas. Ces mots me font frémir : il ne reviendra pas! Il est
parti pour toujours! Je ne pourrai plus lui demander de
conseils ! il ne me répondra plus ! Il ne me guidera plus! Je
suis donc abandonné, et dans une plus fâcheuse position
que jamais! Les devoirs que j'ai à remplir sont bien plus
importants; je n'ai que de très-faibles connaissances et les
bons conseils que m'a donnés ce bon et digne vieillard; il
m'en réservait peut-être encore, pour me les faire connaître avant de mourir; il n'a pu le faire; j'en suis privé
pour toujours. A cette pensée accablante je m'évanouïs en
m'écriant : Dieu, père des orphelins, inspirez-moi et ayez
compassion de l'âme de ce bon et digne serviteur !

Ce n'est pas sans peine et sans aide que je me suis relevé de cette fâcheuse position. Ma maîtresse me voyant
aussi peiné est venue à mon secours, en me disant qu'elle
était aussi affligée que moi, et qu'elle faisait une perte
bien plus considérable ; qu'elle se trouvait à la tête de l'exploitation avec son mari toujours souffrant et que sa demoiselle actuellement en pension, était encore trop jeune
pour la faire revenir à la ferme ; et que cela aurait d'ailleurs l'inconvénient de lui faire manquer son éducation ;
mais que ce qui la consolait, c'était que ce brave et digne vieillard m'avait appris à cultiver ; que j'avais du

courage et de l'intelligence ; que j'étais fort et déjà assez âgé pour continuer la culture ; qu'elle prendrait un domestique pour me seconder, et qu'elle m'indiquerait la marche à suivre si je me trouvais embarrassé, parce qu'elle s'était occupée d'exploitation plus que ne doit le faire une femme, depuis que son mari était malade, et que mon guide n'agissait jamais sans lui avoir expliqué ce qu'il allait faire et sans qu'elle l'ait autorisé à le faire ; que ceci lui avait fait connaitre une partie de l'agriculture ; que, d'un autre côté, elle avait un proche parent et voisin qui était disposé à lui être utile ; qu'il me guiderait au besoin, parce qu'une partie des pièces de terre de son parent tenaient aux siennes, et qu'elle comptait que je soutiendrais ses intérêts. Je lui ai répondu que je ferais tout ce qui dépendrait de moi. Sur cette nouvelle promesse, sur laquelle elle comptait, elle me dit : « Ton guide est mort ; nous avons fait une grande perte ; il était âgé, nous ne savons pas si nous viendrons à son âge ; nous devons tous mourir ; il a fidèlement rempli sa tâche dans ce monde ; il faut espérer que Dieu aura pitié de son âme ; il faut nous résigner à la volonté du Tout-Puissant. » Ces paroles, dites avec autant de franchise, m'ont un peu remis, et je me suis déterminé à reprendre mes travaux.

La tâche que j'avais à remplir était plus pénible que celle de l'année précédente, j'ai su le comprendre avant de commencer. Il a fallu que je me mette mieux sur mes gardes, afin d'éviter, le plus possible, les accidents. Je me levais la nuit pour donner à manger à mes chevaux, je me levais ensuite plus matin pour leur donner ce qui leur manquait ; pour faire le pansement, nettoyer l'écurie et faire tout ce qui était nécessaire. Ce qui m'occupait le plus étant à la ferme, c'était de bien gouverner mes chevaux, de leur donner à manger ou à boire à la même heure, de ne pas leur en donner une fois plus que l'autre, de ne pas leur en donner plus que madame ne me l'ordonnait, parce que la ration qu'elle me disait de leur donner était suffisante. Elle aimait à avoir de bons chevaux ; je tenais toujours l'écurie très-propre ; j'avais soin des harnais de mes chevaux ; je les entretenais bien, afin qu'il ne les blessassent pas ; je mettais à sec tous les instruments aratoires qui étaient pour rester à la ferme, afin qu'ils ne se pourrissent pas. On n'en a jamais vu à la pluie ou au soleil, dans la cour ou aux alentours de la ferme. J'ai continué les labours, les transports et fait tout ce qui était nécessaire, lorsque le temps le permettait. Pendant l'hiver, ma maîtresse me donnait un homme pour m'aider à conduire mes chevaux, lorsque j'en avais besoin ; mais il m'a été un peu difficile de lui faire comprendre que les chevaux pouvaient facilement être conduits en leur parlant français comme je le faisais. Avant qu'il y ait eu une pleine confiance, il a fallu qu'il ait essayé à le faire lui-même. Il ne voulait même pas le faire. Je lui ai dit que, s'il ne voulait pas le faire, il ne les conduirait pas. Il me dit, je ne sais pas le français ; je ne puis leur parler pour les faire obéir de cette manière. Je lui ai répondu que je ne connaissais pas le français plus que lui ; qui ne fallait savoir que quelques mots, qu'il était facile de les apprendre. Je lui ai expliqué les mots et ceux qu'ils remplaçaient. Il m'a déclaré qu'il ne pourrait les retenir. Je lui ai répondu que je les avais bien appris à mes chevaux dans quelques jours. Il a consenti sans que je lui fasse aucune autre comparaison. Aussitôt qu'il a eu perdu son ancienne habitude et qu'il a été habitué à ce que je lui avais indiqué, il m'a dit que la manière dont je parlais à mes chevaux était bien plus

18.

claire, plus raisonnable et plus facile que celle que l'on avait employée jusqu'à ce jour; qu'elle était du reste naturelle à l'homme; qu'il ne comprenait pas comment on ne le faisait pas depuis longtemps et pourquoi on ne l'avait pas fait depuis que l'homme connaissait sa main droite et sa main gauche, et qu'il le faisait de très-bon cœur.

Je ne dois pas oublier de dire que pendant les quelques mois d'hiver j'ai encore pu aller à l'école, quoique mes occupations fussent plus grandes que les années précédentes. Je puis dire que c'est dans ce temps que j'ai suivi le chemin du bonheur, parce que j'ai pu prendre des notes de ce que je faisais et de ce que j'avais à faire lorsque j'avais la crainte de l'oublier. J'ai continué d'aller à l'école jusqu'au quinze février. Nos labours et nos transports d'engrais étaient faits. Il fallait donc se disposer à ensemencer sous peu de temps les premières graines, c'est-à-dire celles que l'on sème le plus vite après l'hiver ou les gelées. Ma maîtresse avait prévu les graines dont elle pourrait avoir besoin et s'en était procuré une grande partie. Me trouvant embarrassé sur les diverses sortes de graines à ensemencer et sur le moment de le faire d'une manière utile, je suis allé trouver le parent de ma maîtresse qui connaissait les terres, je lui ai expliqué le motif de la visite que je lui faisais. Voici ce qu'il m'a répondu.

« Je veux très-bien te donner les renseignements que tu me demandes; je vais y répondre de mon mieux, mais je te ferai remarquer que la disposition et la qualité de la terre exigent quelquefois un peu plus de grain lorsque cette terre est creuse au moment de la semaille, ceci s'aplique principalement à la terre destinée à recevoir du blé, surtout lorsqu'elle sort de rapporter ou lorsque le terrain est froid, alors il faut mettre un peu plus de grains pour le blé et pour l'avoine. Il y a des graines qui ne peuvent être semées dans la même pièce, qu'après un intervalle de six ans, sans quoi on s'expose à ne pas avoir de récolte; on en sème quelquefois tous les six ans maintenant, et on réussit assez. Je crois que c'est à cause des progrès qu'a faits l'agriculture depuis une vingtaine d'années. Puisque l'on réussit maintenant, tu peux le faire aussi; mais il faut attendre six ans pour les graines que je vais te citer. On peut en semer la sixième année pour les motifs que je viens de dire : La graine de trèfle, la vesce de mars et d'hiver, les fèves ne doivent pas être semés trop souvent; il ne faut pas mettre de pommes de terre trop souvent dans un même champ; on peut cependant sans trop nuire à la propriété, en planter deux années de suite, en y mettant un second fumier, la seconde année. On peut en mettre plus long-temps, mais il faut d'énormes engrais et le cultivateur a plus d'avantage à changer souvent de places, les pommes de terre, betteraves, carottes et autres.

» La cameline et la pamelle sont les graines qui dessè-chent le plus la terre; on n'en plante ou sème souvent que pour ses besoins personnels, à moins qu'on ait des engrais suffisants ou qu'on veuille en mettre dans une pièce qui soit pleine d'herbe et en mauvais état de culture. Ces graines poussent très-vite et on a plus de temps de cultiver la terre avant la semaille, qui se fait très-tard et dans les beaux jours où les herbes meurent.

» Pour que le fermier soit bien certain, malgré les ren-seignements que je te donne, il faut qu'il ait la conscience de ce qu'il a fait, qu'il ait quelque expérience et qu'il con-naisse son champ (c'est un mot qui a bien plus d'étendue que tu ne le pense, je te prie d'y faire bien attention), et sa culture, parce que l'on met déjà un peu moins de graine

aujourd'hui qu'il y a vingt ans. En général, on récolte
cependant beaucoup plus. Je te fais cette remarque pour
que tu ne te penses pas maître cultivateur. Lorsque je
t'aurai dicté les renseignements que tu me demandes, et
que tu les auras pris par écrit, en admettant que tout ce
que je viens de te dire soit juste, il faut encore que le
temps vienne l'approuver. Voici comment je sème depuis
plusieurs années, lorsque le temps est beau et que la terre
est à peu près sèche pour certaines graines, et convenablement arrangée. Lorsqu'il fait mauvais, je diffère un
peu pour attendre du meilleur temps, parce qu'il en vient
assez pour le cultivateur actif.

» Du 1.ᵉʳ au 20 mars, je sème mes fèves en jachère ;
j'en mets deux hectol. pour quarante-deux ares vingt cent.
Lorsque je les fait placer à la main, j'en mets un peu moins.

» Je sème mes œillettes, j'en mets deux litres pour 42
ares 20 centiares ; je sème le lin, j'en mets un hectolitre.

» Je plante mes pommes de terre à la charrue, j'en
mets quatre hectol. pour quarante-deux ares vingt cent.

» Du 15 avril au 1.ᵉʳ mai, je sème mes avoines ; j'en
mets quatre cinquièmes d'hectolitre pour quarante-deux
ares vingt cent. dans les terres qui n'ont pas été dessolées
en jachère. J'en mets un hectolitre dans les terres blanches,
froides, et dans celles qui ont été dessolées en jachère.

» Le 10 mai, je sème de la vesce ; je mets trois cinquièmes d'avoine et deux cinquièmes de vesce, ce que
nous appelons de la dravière.

» Je sème des pois gris ou bisaille ; j'en mets un hectolitre pour quarante-deux ares vingt centiares.

» La vesce pure pour faire du fourrage ou même pour
la laisser mûrir, j'en mets deux cinquièmes d'hectolitre
pour quarante-deux ares vingt centiares.

« Vers le 15 mai, je sème la graine de trèfle dans les blés ; je mets six kilog. de graine de trèfle pour 42 ares 20 cent.

» Le 25 mai, je sème la pamelle, et j'en mets deux cinquièmes pour quarante-deux ares vingt centiares.

» Je sème souvent de la minette avant de rabattre les sillons que la charrue a faits; j'en mets douze kilogrammes pour quarante-deux ares vingt centiares.

Vers le 1.er juillet, lorsque les avoines sont bien levées et déjà un peu fortes, qu'elles ont été ploutrées ou roulées quelques temps avant, et qu'il fait une petite pluie, aussitôt le beau temps arrivé d'un jour, je sème de la minette dans les terres bieffeuses ou bises à cailloux. Je herse une fois avec une herse de bois pour enterrer ma minette. Mais dans les terres blanches, je la sème avant de ploutrer ou rouler, parce qu'il ne faut pas herser les avoines levées dans ces sortes de terre.

» Vers le 25 mai, lorsque je sème des luzernes ou sainfoins (c'est toujours à peu près à cette époque) j'ai soin de ne mettre qu'un peu d'autre graine de vesce ou autre pour qu'elle n'étouffe pas les deux sortes de graines, parce qu'elles sont semées pour plusieurs années, et qu'il y aurait plus de perte si on ne réussissait pas entièrement. En outre, les graines coûtent cher, et il est bon de prendre un peu ses précautions.

» Du 1.er au 15 juin, je sème de la cameline ; j'en mets deux litres pour quarante-deux ares vingt centiares.

Vers le 25 juillet, je sème du trèfle anglais dans les avoines. C'est un grain chaud qui lève en deux ou trois jours; on peut en semer dans toutes les terres, dans les avoines, on en sème même après la récolte de blé ; on laboure la terre, on herse avec une petite herse ; on roule et herse jusqu'à ce que la terre soit bien durcie ; le trèfle

18.*

vient souvent très-bien ; on met douze kilogrammes de graine pour quarante-deux ares vingt centiares.

» Vers le 15 août, je sème des graines de navet dans les éteules de seigle ; j'en mets un litre pour 42 ares 20 cent.

» J'ai semé quelquefois une pièce de colza dans des pièces de terre à trèfle anglais, hivernache, et quelquefois et même plus souvent dans des terres que j'avais fumées et cultivées. Je mettais deux litres de graine pour 42 ares 20 c.

» Vers le 20 septembre, je sème mes blés à trois cinquièmes d'hectolitre pour 42 ares 20 c. Dans les terres un peu bieffeuses et argileuses, je mets en plus deux litres de seigle pour la même quantité de terre, où je le crois nécessaire, dans les terres poussées en jachères, je n'en mets pas où je sème du blé, pour servir de semence l'année suivante.

» Je mets, dans les terres froides, en plaine ou dessolées, quatre cinquièmes d'hectolitre de blé pour 42 ares 20 centiares y compris environ sept litres de seigle.

» Dans les terres blanches, je mets quatre cinquièmes de blé, plus douze litres de seigle et six litres de lentille pour quarante-deux ares vingt centiares.

» Le seigle, j'en mets quatre cinquièmes pour 42 ares 20 c.

» L'orge, j'en mets quatre cinquièmes ; je le sème souvent dans de la terre blanche ou bieffeuse ; je mets en plus six litres de lentille.

» Hivernache. — Je mets trois cinquièmes d'hectolitre de seigle et deux cinquièmes de vesce d'hiver.

» Voilà à peu près les époques où j'ai ensemencé et la quantité de graine que j'ai employée par chaque sorte dans 42 ares 20 centmètres de terre. Mais il faut en mettre un peu plus lorsque les pièces sont plus petites, comme il s'en trouve souvent dans les grands villages, où elles sont divisées par fractions quelquefois très-petites. Le semeur a toujours plus de précautions à prendre, et il faut qu'il rive sur tous les voisins. C'est ce qui lui fait employer un peu plus de graine. Selon l'expérience que j'ai, c'est la marche que l'on doit suivre dans notre pays, et il ne faut pas te figurer que l'on sème partout à la même époque, ni même en France, et que l'on met partout la même quantité de graine : chaque pays a sa spécialité. C'est là le vrai cas de dire que c'est au cultivateur à connaître son champ et la position où il est placé. Nous n'avons qu'une terre, mais la qualité diffère de beaucoup. Nous n'avons non plus qu'un seul soleil qui donne de la végétation à la terre. Mais la terre est tellement grande qu'il y a beaucoup de pays qui en sont plus proches ou plus éloignés que nous ; ils cultivent comme nous ; ils doivent aussi choisir les époques qui leur sont les plus favorables et les diverses qualités de graine qu'ils doivent ensemencer dans leur pays ; ce que je te dis, je le fais dans ton intérêt, parce que j'ai pensé que la culture de la terre était partout la même ; mais il en est tout autrement, et si tu lis quelques jours des livres qui parlent d'agriculture, ne te laisse pas prendre à penser que tu peux faire ce que tu verras qu'ils font, sans connaître les qualités du sol et la position du pays, parce que tu serais souvent trompé. »

Mars 1er. — J'ai remercié ce brave et digne cultivateur des renseignements et des bons conseils qu'il m'avait donnés. Je suis retourné à la ferme, où j'ai continué de cultiver et de faire ce qu'il y avait à faire jusqu'au 1.er mars, où il a commencé à faire beau temps. Le moment où j'allais avoir le plus d'occupation arrivait à grand pas. L'activité que j'avais mise l'hiver à charrier tous les engrais que j'avais cru nécessaires, tels que fumier, cendre et autres : ces engrais étaient convenablement répartis sur

les terres que je devais ensemencer sous peu de temps.
J'avais eu soin de les faire épandre en temps opportun et
d'une manière convenable (très-fin). Je ne laissais pas les
ouvriers laisser un seul gazon de fumier sur les terres. J'ai
enterré ce qui devait l'être avec soin, sans en laisser à la
surface de la terre. Je reprenais plutôt les fumiers avec mes
mains pour remettre dans le sillon que je venais d'ouvrir,
lorsqu'ils n'étaient pas suffisamment enterrés, que de les
laisser, comme beaucoup de cultivateurs font, à la surface
de la terre; et, malgré toute l'activité que j'avais, je ne
me croyais pas encore en mesure de pouvoir ensemencer,
parce que, selon moi, les terres n'étaient pas encore convenablement arrangées. C'est là que j'ai vu et reconnu
que plus on cultivait plus on reconnaissait la nécessité de
le faire, parce que, cultivez une pièce de terre par essai,
ou par goût, mieux que les autres; il vous viendra,
avant d'en sortir, le regret que toutes les autres ne soient
pas comme celle-là. Vous reconnaitrez tellement la nécessité
de bien cultiver que votre conscience ne sera plus en repos
au sujet des autres pièces. Si vous ne cherchiez pas
à bien faire, ou plutôt si vous n'étiez pas porté au progrès, vous auriez du regret d'avoir convenablement arrangé cette pièce de terre, parce que par une seule pièce
vous dépréciez toutes les autres, ou plutôt une seule pièce
dicte à votre conscience que vous n'avez pas convenablement arrangé toutes les autres, vous l'avez fait par essai,
vous voudriez récolter, avoir une plus belle récolte que
dans celles qui n'ont pas été aussi bien arrangées. D'un
autre côté, vous voudriez ne pas réussir, et vous ne vous
trouvez pas peiné de ne pas recevoir le prix de votre travail par une récolte supérieure aux autres pièces, parce
que vous n'auriez pas selon vous la conscience chargée de

ne pas avoir mieux travaillé dans la généralité de ce que vous avez fait et de ce que vous devez faire à l'avenir. Que nous sommes hommes de peu de foi, me suis-je dit, Sachons donc que le maître qui nous voit travailler est un maître juste et qu'il nous récompensera toujours de nos travaux. S'il nous envoie des orages, des pluies, des sécheresses, des temps froids et humides, qui devaient pour ainsi dire détruire tout ce que nous avons, c'est pour que nous nous mettions sur nos gardes, c'est pour que nous ayons plus de courage et d'activité, parce qu'il a toujours du travail à nous donner et plus que nous n'en pouvons faire. Il est trop bon pour nous, il devrait nous laisser languir pendant dix ans, en nous envoyant tous les ans un nouveau fléau ; nous prendrions des précautions pour l'avenir ; mais ce maître nous aime trop, il veut et désire nous mettre dans le bon chemin : nous refusons ; il nous donne une correction ; nous ne nous mettons pas beaucoup plus sur nos gardes, il nous en donne une autre ; nous marchons quelquefois un peu mieux, nous travaillons un peu mieux ; mais ce n'est pas de bon cœur. Je le répète, nous ne voudrions pas être payés lorsque nous travaillons bien, dans la crainte d'être obligés de continuer, malgré le désir que nous avons de recevoir beaucoup. Cependant notre maître est disposé à nous payer nos travaux jusqu'au dernier centime, sans jamais nous diminuer. Quand même le dernier des ouvriers gagnerait cent francs par jour, il recevrait tout ce qu'il gagne ; et on trouverait un homme assez lâche qui, en ayant besoin, et pouvant le faire, refuserait de gagner cette somme, les travaux n'étant pas au-dessus de ses forces et la certitude d'être payé lui étant acquise ! Nous sommes certains d'être payés, et nous craignons de le faire ; nous ne le faisons pas, parce que nous craignons de réus-

sir et d'être obligés de continuer. Oh ! que nous sommes
encore aveugles ! Mais nous ne serions pas obligés de travailler aussi fort toute notre vie ; nous pourrions vivre un
peu plus tard du fruit de nos épargnes en travaillant à notre
aise. Travaillons, travaillons devant le maître qui nous
regarde et surtout constamment inventons des instruments,
puisque ceux que nous avons sont insuffisants ; agissons
par tous les moyens possibles pour faire en peu de temps ces
énormes travaux ; ayons confiance, je le répète, dans celui qui doit nous payer. Il nous paiera ; il sera même satisfait de nous donner beaucoup ; il nous aime, nous
sommes ses enfants ; il est disposé à nous secourir.

C'est avec ces nouvelles intentions que je viens reprendre tous mes instruments aratoires, parce que le beau
temps qu'il fait permet et exige que je les sors tous pour
travailler cette terre, pour travailler cette mère qui offre
son sein à tous ses enfants qui cherchent à remplir facilement la volonté de leur Créateur. Je vais donc cultiver
mieux que je ne l'ai jamais fait, puisque Dieu m'en donne
la connaissance et qu'il m'en offre la récompense. Je ne
serai pas seulement utile à mon maître en bien cultivant,
je serai utile à tous les hommes, parce qu'ils m'imiteront.
Ils m'imiteront parce qu'ils verront que je suis doublement
indemnisé de mes peines ; oui, je serai utile à tous les
hommes ; je démontrerai aux cultivateurs la manière d'arranger et de cultiver la terre ; ils m'imiteront ; ils retireront
comme moi un double produit de la terre ; ils pourront
vivre dans l'aisance en vendant leur blé bon marché ; ils
pourront faire travailler ; ils emploieront le pauvre à ce
travail ; ils pourront se procurer des engrais ; ils sème-
ront des graines oléagineuses qui leur rapporteront un
grand bénéfice ; par cela même, ils pourront se procurer

tout ce qui leur sera nécessaire. Ils auront de bons chevaux et tous les autres bestiaux qui sont indispensables aux bons cultivateurs. Ils pourront ensemencer et récolter tous les ans presque sur toutes leurs propriétés. Ils récolteront beaucoup plus à cause de la quantité de terres qui rapporteront en plus grande quantité et tous les ans. Ils auront encore plus de bestiaux, et ils en auront en quantité suffisante pour consommer toutes leurs récoltes. Ils feront considérablement de fumier qu'ils porteront sur leurs terres, et beaucoup d'autres nouveaux engrais. Ils ensemenceront comme je viens de le dire beaucoup de graines oléagineuses, telles que lins, colzats, œillettes, cameline et autres qu'ils chercheront à se procurer. Ils pourront faire travailler tous les pauvres parce qu'ils retireront de grands revenus de leurs avances. Je n'ai pas regret d'avoir répété plusieurs fois qu'il fallait bien cultiver, donner du travail aux pauvres par la culture de la terre, qui est leur mère, qui est la mère de tous les grands propriétaires ; quoique le riche ne le reconnaisse pas, il est le frère du pauvre ; il ne l'a pas encore reconnu, mais il va le reconnaître : le Créateur lui inspire de le faire ; il le fera de bon cœur, et le pauvre aura du travail et il travaillera, et il recevra le prix de ses peines. Oui, tous les pauvres auront du travail, il travailleront tous de bon cœur et avec activité, parce qu'ils comprendront que par le travail la terre donnera beaucoup plus de produits ; que la grande quantité qu'elle donnera fera baisser le prix des denrées qui servent à leur nourriture ; qu'en travaillant ils gagneront de l'argent, qu'ils pourront en acheter pour eux et pour leurs enfants. Ils pourront, indépendamment de leur nourriture, acheter tout ce qui leur sera nécessaire pour les besoins de leur maison et pour se couvrir : c'est là seulement que le peuple sera heureux, parce qu'il tirera son bien-être de la terre qui ne l'abandonnera jamais.

J'ai tellement la conviction qu'on peut faire et qu'on fera le bonheur du peuple par l'éducation et par les soins que l'on apportera à la culture de la terre que j'oublie de continuer d'expliquer comment j'ai cultivé et avec quel courage je l'ai fait ; mais pour cette fois, je vais le faire et je serai aussi bref que possible, parce que les conseils que j'ai reçus de mon guide et que j'ai répétés, avec le peu d'explications que j'ai données indiquent déjà la marche à suivre pour conduire les hommes appelés à ces sortes de travaux, au point où ils pourront comprendre ce que c'est que l'agriculture, et les idées que j'ai émises démontrent assez avec quel courage doit travailler un véritable cultivateur. C'est de lui seul que dépend le véritable bonheur du peuple. Les ouvriers doivent aussi comprendre leur importante mission et seconder le cultivateur dans toutes ses entreprises, puisque c'est de cette profession seule que dépend leur bonheur.

10 *Mars*. — Le temps était beau vers le dix mars ; j'ai commencé à herser les terres à lin avec le plus de précaution possible. J'avais toujours soin de croiser mon travail autant que la situation de la pièce le permettait. Je conduisais bien mes chevaux, je leur épargnais autant de mal qu'il était en mon pouvoir ; mais je remuais entièrement la terre avec ma herse de fer. Le second domestique était toujours avec moi avec une petite herse ou un rouleau qui me suivait derrière avec un cheval pour casser les roques et pour secouer la terre aux herbes ou pour donner une surface unie à la terre. Ces trois opérations se faisaient quelquefois en même temps. J'avais et mes chevaux aussi bien plus de facilité ; les herbes et les roques qui

viennent souvent remplir les vides qu'il y a entre deux
dents étaient cassées et secouées. Je n'avais pas la peine
de lever constamment le coin de ma herse', ce qui est un
travail pénible pour le charretier ; les dents de la herse ne
s'emplissaient pas de terre ; elle se conduisait plus facilement ; la terre ploutrée ou roulée s'arrange beaucoup
mieux ; nous faisions double travail, comme si nous avions
eu quatre chevaux sur une herse. Ils n'avaient pas plus de
mal ; le travail était mieux fait, parce qu'il est impossible
de remuer entièrement une pièce de terre sans rouler ou
ploutrer entre deux dents. La surface de la terre n'est jamais aussi belle, on a beau faire, lorsque les premiers
moments sont passés, principalement lorsque l'on arrange
de la terre pour semer des graines oléagineuses. Je continuai
ainsi à démonter toutes les terres que j'avais reçu l'ordre
de disposer pour ensemencer des œillettes ; elles étaient pré-
parées convenablement lorsque ma maîtresse a exigé, malgré la difficulté qu'il y a de semer cette graine, que j'en en-
semence une pièce. Pour être plus certain, j'ai prié le parent de ma maîtresse, qui m'avait indiqué la quantité de
graine à mettre par chaque quarante-deux ares vingt cent.,
de m'accompagner, ce à quoi il a consenti.

Nous arrivons à la pièce qui n'était que de quarante-deux
ares vingt cent., je la trace sur toutes les lignes, et je commence à semer. Mon conseil me dit qu'il fallait bien prendre
le vent et que pour être bien placé, lorsque l'on ne voyait
pas de moulin à vent tourner, que le vent n'est pas grand,
qu'on ne voie n'y qu'on n'entende le grain tomber, il faut,
me dit il, que le vent souffle toujours droit dans l'oreille,
du côté de la main qui jette le grain. Lorsque l'on sème en
levant la pièce, il faut toujours avoir un troisième jalon :
c'est lui qui sert de régulateur pour les deux autres, et

19.

quelquefois on se guide sur les pas que l'on vient de faire.
Lorsque l'on peut les voir facilement : c'est un très-bon
guide. Il faut cependant mettre des jalons, parce que l'on
peut rencontrer d'autres pas que les siens et se perdre. Il
faut aussi avoir soin de ne pas mettre trop de grain sur les
rives, parce c'est du grain et une demi récolte perdus.
Comme la graine d'œillette est très-difficile à semer, il ne
faut faire des sillons que d'un mètre cinquante centimètres
de largeur environ, et ne prendre que des petites pincées
de graine, afin d'en avoir assez de ce que tu as apporté. Il
faut que la main qui jette le grain le lance en même temps
que le pied du même côté se pose à terre. « Commence et
ne t'effraie pas, me dit-il. Il y en aura toujours assez quand
même tu sillonnerais ta pièce; tu as déjà semé un peu; tu
t'es appliqué à le voir faire, et j'espère que tu réussiras. »

Je commence étant un peu gêné. Le cultivateur qui était
avec moi m'a encouragé. Il me suivait pour me conseiller
et examiner ce que je faisais, il veillait aussi à ce que je ne
manque pas de graine. Je n'étais pas à moitié de la pièce que
je semais sans être gêné; j'espérais même que j'épandrais bien
la graine; plus je marchais, plus j'avais la conviction que
je semerais bien, plus je m'enhardissais. J'avais déjà des
gestes convenables. Il m'est resté un peu de graine que
j'ai semé dans les plus mauvaises places des champs et
dans celles où je craignais ne pas en avoir mis autant
qu'ailleurs. L'homme, ou plutôt le parent de ma maîtresse,
qui m'a guidé dans ce travail, me dit : « J'ai lieu d'espérer
que tu deviendras bon semeur; prends courage et des
précautions, parce qu'il en faut pour ce métier-là; car
on a bientôt fait perdre à son maître bien des gerbes et
du grain lorsque l'on ne sème pas bien; c'est une double
perte. On a calculé, par l'expérience, ce qu'il fallait juste

de graine pour ensemencer un journal de terre, et lorsqu'on le sillonne, il y en a plus ici et moins à côté, c'est-à-dire qu'il y en a trop dans une place et pas assez dans une autre : c'est, comme je viens de te le dire, une double perte, et il faut bien prendre toutes ses mesures pour tâcher de bien placer son grain, parce qu'il lève où tombe Je ne suis pas toujours libre, et voici la largeur des sillons que tu dois prendre à l'avenir. »

« Œillettes, un mètre cinquante centimètres ; lin, deux mètres ; trèfle, deux mètres ; minettes, deux mètres ; enfin, pour toutes les petites graines, de un mètre cinquante à deux mètres, pas plus, et, pour les autres, de deux mètres cinquante à trois mètres. Quant à la quantité de graine à ensemencer, je te l'ai donnée, on en prend en proportion de la contenance de la pièce. Toutes les petites graines ont des quantités à peu près égales ; les grosses graines les ont aussi. Une fois que l'on a pris l'habitude de semer, il est très-facile de se régler sur ses poignées ou pincées de grain. Je t'engage toujours à bien prendre tes mesures pour bien faire tes semailles, parce qu'il est bien facile de reconnaître le talent de l'ouvrier une quinzaine de jours après. » J'ai remercié ce bon cultivateur des conseils qu'il me donnait et je suis allé rejoindre mes chevaux.

J'ai continué de disposer les terres à œillettes à recevoir leur graine de la manière la plus parfaite, et j'ai engagé ma maîtresse à les faire semer par un autre, ne voulant pas ainsi exposer toute sa récolte sans m'être assuré de mes capacités.

J'ai travaillé, avec le domestique qui m'accompagnait, à disposer et à ensemencer toutes les terres à œillettes et à lin, lorsque le temps me permettait de le faire, parce qu'il faut toujours avoir soin de ne cultiver ou disposer les terres que par du beau temps, de les ensemencer aussi de la même manière, parce qu'en le faisant dans des temps humides on s'expose à ce qu'il lève une très-grande quantité d'herbe, qu'il vienne des pluies, et que la terre s'endurcisse, quoiqu'elle ait été démontée profondément, ce qui est le véritable moyen de faire imbiber les eaux trop abondantes dans les terres, et d'empêcher les rayons du soleil d'y pénétrer. Par un seul travail vous mettez la plante à couvert de deux cruels ennemis; je puis même dire trois, et j'irai jusqu'à quatre, sans être démenti : je vais en donner la preuve immédiatement.

Lorsque vous démontez votre labour profondément avec votre herse, vous détruisez beaucoup plus de jeunes herbes qui sont germées, qui poussent, et qui seraient sorties de la terre si vous ne les en aviez pas empêchées par vos instruments. Vous avez déjà reconnu plusieurs fois que l'herbe était levée avant le grain que vous avez semé : eh bien ! le motif pour lequel l'herbe est levée avant le grain, c'est que vous n'avez détruit que celle qui était à la surface de la terre, et qui devait lever dans trois ou quatre jours. Mais en hersant peu profondément dans la terre, vous n'avez pas détruit celle qui était germée et qui devait sortir dans huit jours : c'est celle-là qui lève avant le grain que vous venez d'ensemencer, et si vous aviez hersé votre terre un peu plus profondément, votre grain serait sorti le premier de la terre; il aurait pris des forces; il aurait eu les devants, et il aurait pu combattre quelques temps ce cruel ennemi qui venait pour le faire périr. S'il ne l'avait lui-même étouffé, il aurait toujours combattu quelques temps en attendant que vous soyez venu lui porter secours.

En hersant fort votre terre, vous comblez les vides
que des gros labours ont laissé et qui viennent se remplir
avec les grandes pluies, ce qui occasionne un tassement à
la terre et fait découvrir les racines, et les rayons du
soleil viennent les brûler. D'un autre côté, ces racines n'é-
tant plus tenues à la terre, ne donnent plus de végétation à la jeune plante.

En ne hersant pas profondément votre terre, vous ne
faites pas de poussière ; vous la laissez très–dure ; les
racines de la graine que vous venez d'ensemencer dans la
terre ne peuvent pas y entrer. Peu de temps après que
votre plante est levée, elle ne pousse plus ; elle ne peut
pas prendre de végétation dans la terre parce qu'elle est
trop dure ; des temps secs surviennent, les rayons du soleil
viennent brûler votre plante, tandis qu'en donnant un labour profond avec votre herse, vous remplissez les vides
que la charrue a faits ; votre terre ne se tasse plus et ne
laisse pas à découvert les racines ; votre jeune plante prend
facilement de fortes racines ; elle a plus de force pour résister contre ses ennemis. Le hersage profond que l'on fait
facilite l'infiltration des eaux trop abondantes qui tombent
sur la terre, et qui sont très-nuisibles à la plante. La poussière que l'on fait pour un bon hersage remplit tous les
vides qu'il y a entre deux roques à la surface de la terre,
et vient empêcher les rayons du soleil de brûler les racines
de la jeune plante : ce qui la fait mourir ou empêche la végétation, parce que le soleil n'est nuisible à la plante que
lorsqu'il sèche les racines et la terre où elles prennent leur
végétation, parce que, sans humidité dans la terre, il n'y
a presque pas de végétation. Remarquez bien qu'un centimètre de poussière fine sur la terre la maintient humide,
lorsqu'elle a été bien cultivée ; voici comment je cultivais.

19.*

Je continuai d'ensemencer les terres et de les arranger comme je viens de vous l'expliquer, en me mettant en garde contre les ennemis de la petite plante que je voulais ensemencer. Il est bon que je fasse remarquer que je n'arrangeais pas toutes les terres aussi bien à la surface que celles où j'ensemençais des petites graines; mais, quant à la profondeur du hersage que je faisais, c'était toujours la même culture. Je ne quittais jamais une pièce sans y avoir passé deux ou trois fois. Si je le faisais à moins, c'est que la terre était excessivement bien. J'avais toujours soin de croiser mon travail le plus possible, pour ne pas laisser un seul centimètre de terre sans qu'il ait été remué, et, pardonnez-moi si je le répète trop souvent, selon vous, c'est parce que j'y attache une très-grande importance; vous le voyez, du reste, par les quatre questions que je viens de résoudre; je n'en donnerai pas plus d'explication. Je vais vous expliquer comment j'ai ensemencé les avoines.

Avril 15. — J'avais convenablement disposé mes terres à avoines; j'avais donné deux labours aux endroits sales; les terres étaient nettes de toute herbe; je les avais bien hersées; j'ai enterré la semence d'avoine au binot; je lui ai donné ensuite un bon ploutrage; j'ai hersé une seconde fois et ploutré où cela était nécessaire; enfin, j'ai cassé toutes les grosses roques qu'il y avait; je leur ai donné ensuite un tour de herse en fer, en coupant les sillons de la charrue sans avoir beaucoup égard aux lignes qu'avaient laissées les dents de la herse en bois. Il n'y avait presque plus de trace de roques, ni de vide dans la pièce; j'ai fait enfoncer ma herse profondément dans la terre, afin de bien remuer toute la surface que le binot n'avait pas remuée. Les dents de la herse allaient jusqù'au-dessous du labour que j'avais donné avec le binot en enterrant l'avoine, parce que rien ne venait empêcher ma herse de passer ; le labour était cassé par la herse de bois ; Les roqúes avaient été rompues par le rouleau et la herse de bois en ploutrant. L'herbe qu'il y avait s'était accrochée aux dents et s'était pourrie l'hiver. J'avais fait partout le travail que j'avais fait précédemment à la poussière, et, malgré le temps sec qu'il faisait, je ramenais encore de la terre humide à la surface, que les dents de ma herse de fer allaient prendre en dessous du labour au binot que je venais de faire. Je mettais de la terre sèche dans le fond de la terre cultivée qui enlevait l'humidité qu'il y avait en trop dans la terre du fond du labour. La terre sèche que j'enfonçais dans la terre était chaude, et, tout en enlevant l'humidité, elle réchauffait encore la terre, ce qui lui faisait donner de la végétation. La graine d'avoine levait en peu de jours malgré le temps sec. D'un autre côté, j'étais certain que, quand il aurait fait de fortes pluies, ma terre ne se serait pas rebattue, parce qu'il y avait un labour profond, et que l'eau pouvait s'infiltrer dans la terre aussi vite qu'elle pouvait tomber. L'eau ne bat ou ne durcit la terre que lorsqu'elle ne s'infiltre pas immédiatement. Ensuite, la terre que je venais d'arranger conserverait toujours son humidité, parce que la poussière et la profondeur du labour empêcheraient toujours les rayons du soleil d'atteindre les racines de l'avoine et ne pourraient pas l'empêcher de donner de la végétation à la jeune plante. J'étais à la pièce la plus éloignée qu'avait mon maître. Deux charretiers du hameau étaient dans une pièce à côté de moi, le fils d'un fermier et un domestique. Lorsque l'heure d'aller dîner est arrivée, ils sont venus m'engager à retourner avec eux, ce

à quoi j'ai consenti. Nous sommes partis tous trois ensemble. Le domestique me dit : « Est-ce que ton maître ne
veut pas avoir d'avoine cette année, qu'il te fait arranger ses terres aussi fines que tu le fais. » Je lui ai répondu :
« Mon maître est malade ; il m'a donné toute sa confiance ;
je fais de mon mieux » « En ce cas tu fais très-mal, conti-
nua-t-il ; tu ne laisses pas de roques ; il en faut pour de
l'avoine, et ton maître n'en aura pas s'il pleut. La terre que
tu viens d'arranger aussi fine va se battre et durcir ; tu
ne pourras plus faire de poussière avec les roques ; il ne
viendra pas d'avoine. Nous en avons déjà fait l'expérience
plusieurs fois, et il n'en est jamais venu. Lorsqu'il y a
des roques, que l'avoine est levée, qu'il vient une petite
pluie, on ploutre ; la terre se met en poussière et l'avoine
vient beaucoup plus belle. » Je lui réponds en lui expliquant
mot pour mot comment je cultivais et pourquoi je le
faisais, comme je l'ai dit dans les deux articles précédents.
Lorsque j'ai eu fini, voyant qu'il ne me répondait pas, je
lui ai demandé ce qu'il en pensait ; il ne m'en a pas dit plus.

Le maître qui était avec nous me dit qu'il croit que ma
manière d'agir est bonne, qu'on ne doit pas toujours suivre
les coutumes. Je lui réponds de suite : « Moi je crois que
la manière dont vous arrangez vos terres à avoine est mauvaise. Vous commencez, lorsque vous êtes pour semer
de l'avoine, à ne pas herser fort dans la crainte de casser
les roques ; vous ne détruisez pas les jeunes herbes
qui sont levées ou qui vont lever ; vous laissez enfouies
dans la terre toutes les mauvaises herbes que vous y avez
enterrées avec votre charrue ; vous ne faites que leur donner du passage. Aussitôt que vous avez hersé votre terre,
elles sortent et poussent comme les jeunes plantes que
vous n'avez pas détruites. Quelques jours après, vous ve-

nez semer votre avoine; votre terre est dure; pour ne
pas faire de mal à vos chevaux et ne pas faire sortir de
la terre la grande quantité de mauvaises herbes, vous ne
faites qu'un très-petit labour; vous venez rebattre votre labour souvent avec une mauvaise herse de bois; vous faites
en sorte de changer les roques de place sans les casser,
parceque vous dites: « Si je les casse et qu'il pleuve, ma terre
va se rebattre, et je n'aurai pas d'avoine. » Oui, la terre se
battrait, parce que l'eau ne peut pas s'infiltrer dedans,
et que votre terre n'est pas remuée. Vous la laissez de cette
manière, en disant : « Lorsqu'il aura plu, je viendrai l'arranger. « Il continue de faire sec; votre avoine ne lève pas;
les rayons du soleil dessèchent toute la végétation qu'il y
a dans votre terre et même dans vos roques sur lesquelles
vous comptez tant. Il vient une pluie plus tard : votre
avoine lève; vous cassez ensuite vos roques; mais il est
trop tard : l'herbe qui est enfouie dans la terre, qui at-
tend que votre avoine lève pour l'étrangler et pour lui
prendre la végétation que vous en attendez, sort au même
instant et l'empêche de grandir ou de mûrir. Il en résulte
que vous n'avez pas le quart de ce que vous devriez
avoir en avoine, et vous dites alors qu'il n'en est pas
année.

» Lorsqu'il pleut, et que vous arrangez votre avoine,
comme vous venez de le faire, la terre se durcit de suite;
l'avoine lève : c'est vrai ; mais c'est que toutes les mauvaises herbes que vous avez enfouies dans la terre sortent
même avant votre avoine et viennent pour l'étrangler. Si
elles ne l'étranglent pas elles lui font au moins bien du
mal. Vous venez ensuite casser les roques et faire de la
poussière, afin de la faire pousser ; mais vous en faites
pour l'herbe aussi. Il pleut deux ou trois jours après, vo-

tre terre se bat et se durcit. Vous venez deux ou trois jours après la visiter et vous dites : « Si je ne rhabille pas mon avoine, c'est-à-dire si je ne lui donne un tour de herse, je n'en aurai pas. » Vous hersez votre terre, vos herbes et votre avoine en même temps ; vous voulez détruire l'herbe, vous détruisez plutôt votre avoine, parce que l'herbe est mieux enracinée que votre avoine et beaucoup plus nombreuse. Vous couvrez votre avoine avec l'herbe, et c'est sans doute de cette manière que vous prétendez la rhabiller. Mais moi je vous dis que vous l'étouffez, et si par hasard il y en a une partie qui ne succombe pas, vous pouvez tenir pour certain que vous l'avez rendue malade : votre avoine ne reprendra plus qu'avec peine parce que son ennemi qui est aussi fort qu'elle s'y oppose toujours. Elle ne vient pas ; elle ne pousse pas, et vous finissez encore par dire : « Il n'en était pas année. » Voilà déjà bien des siècles que les mauvais cultivateurs disent qu'il n'en est pas encore année. Néanmoins j'ai remarqué que depuis dix ans, il n'y a eu qu'une seule année que les bons cultivateurs n'en ont pas eue, mais elles étaient encore plus belles que celles des mauvais cultivateurs dans les années abondantes.

Le maître m'a répondu que j'avais raison. Nous approchions de la ferme, je les ai quittés en leur disant que la plante utile aux hommes et aux animaux domestiques voulait être bien couchée, bien nourrie, et ne pas avoir d'ennemis pour empêcher sa végétation, afin de venir plus grande et afin de récompenser les hommes qui lui sont utiles et qui combattent pour elle.

Je continuai la semaille de mars avec les intentions, les soins et l'activité que j'emploie toujours. Je n'entrerai pas dans les détails de tous les travaux que j'exécutais ; je crois qu'il est suffisant de faire connaître ce que l'on est capable de faire et ce que l'on fait pour une plante , pour que l'on comprenne que le mode employé peut s'appliquer aux autres plantes qui demandent presque les mêmes soins, et dont la manutention se fait à peu près de la même manière en faisant toutefois attention à la plante que l'on sème. L'expérience est là pour apprendre aux cultivateurs tout ce qu'ils doivent faire en dehors des principes, à cause de leur position et du temps. S'ils ne réussissent pas la première ou la seconde fois et même la troisième fois , ils doivent s'apercevoir , en visitant leurs propriétés, où ils ont manqué, en ayant égard au temps qu'il a fait et qu'il fait. Ils ne doivent pas non plus se lasser de bien exécuter les travaux qu'ils font , quand même un autre cultivateur , qui n'aurait pas arrangé sa terre aussi bien , aurait mieux réussi. C'est ce qui n'arrive pas souvent ; mais c'est ce qui peut arriver. Ne voyons-nous pas quelquefois un maladroit réussir dans une affaire importante, tandis que celui qui a pris toutes ses mesures la manque ? On ne peut l'attribuer qu'au hasard ou à la chance.

Nous avions repris la culture de nos jachères et les transports tant pour les engrais que pour ceux utiles à la ferme. Nous les arrangions encore mieux que les années précédentes ; nous avions toujours un cheval avec un rouleau qui allait devant ou derrière la herse , afin de casser toutes les roques, pour que l'instrument passât mieux et s'enfonçât plus profondément dans la terre. Nous ne quittions jamais nos terres, sans qu'elles aient été parfaitement démontées et toutes les roques cassées, à moins qu'il n'ait fait excessivement sec. Alors , nous nous contentions , de prime abord , de remuer la terre et de lui donner une surface unie , afin qu'elle reprenne humidité.

Nous donnions quelquefois un petit sillon de charrue aux terres qui l'exigeaient soit pour enterrer les fumiers que nous avions charriés, afin de ne pas les laisser user par les rayons du soleil et de les mettre à même d'attendre plus facilement le recoupage. Tout en faisant ces travaux, ma maîtresse allait faire arranger les œillettes, lorsqu'elle le pouvait. Elle ne pouvait pas continuer d'aller avec les ouvriers. Il y en avait dans le nombre qui n'étaient pas très intelligents. Elle m'a chargé de les conduire. C'est avec peine que j'y ai consenti, parce que je ne connaissais pas ces sortes de travaux. Je lui en fis part; elle m'a répondu que j'étais assez intelligent et que d'un autre côté, il y avait des ouvriers qui entendaient très-bien la manière d'exécuter les travaux ; que je pourrais examiner ce qu'ils faisaient, que je pourrais ensuite le faire faire aux autres, je lui ai répondu que les ouvriers s'apercevraient facilement du défaut de connaissance que j'avais de ce travail, et qu'ils me tromperaient, car les ouvriers n'aiment presque jamais à indiquer à leur chef la manière de bien exécuter les travaux, surtout lorsqu'ils sont un peu difficiles, afin de mieux tromper celui qui doit les guider et les commander. Elle m'a répondu que mon raisonnement était juste ; qu'elle allait tout m'expliquer, et elle commença ainsi :

« La première fois que l'on bine les œillettes, on coupe les herbes sans trop enfoncer sa binette dans la terre ; on coupe aussi les œillettes qui sont trop drues en laissant toutefois dix centimètres d'intervalle entre deux et quelquefois moins ; mais il ne faut pas chercher à ne pas les laisser trop près l'une de l'autre, afin qu'elles puissent grandir. Le binage que l'on fait ne sert qu'à abattre l'excédant qu'il paraît y avoir et couper les grandes herbes pour donner la facilité de mieux les distinguer et de frayer un chemin pour sa binette, la seconde fois, ce travail est très facile. Lorsque la terre est convenablement arrangée, qu'il n'y a pas trop d'herbe et que les œillettes ne sont pas trop drues, un bon ouvrier peut en arranger un demi-journal (21 ares 10 centiares) par jour.

« Le second binage est très-minutieux à faire. Il faut, autant que possible, le faire par beau temps, cinq à six jours après avoir fait le premier. Il faut travailler à double journée, parce que ce sont des travaux d'où dépend la récolte d'œillettes. Si l'on n'exécute pas bien les travaux, il n'en viendra pas, malgré les énormes engrais que l'on y aurait mis. C'est une graine qui ne coûte rien à semer, mais qui revient aussi cher que la graine de lin, à cause du travail. Le travail pour cette jeune plante est tellement indispensable que l'on ne ferait aucune récolte si l'on ne l'arrangeait pas. C'est ce qui démontre que le cultivateur doit bien prendre toutes ses mesures pour que le binage soit bien fait et en temps opportun.

» Au second binage, on voit très-bien l'œillette qui est déjà en petite rosette; et, lorsqu'il y en a deux près l'une de l'autre, qu'il n'y a pas de huit à douze centimètres, il faut en couper une ou l'arracher, à moins qu'en dehors d'une d'elles, il n'y en ait que de très-éloignées. Dans ce cas, on les laisse quelquefois à huit centimètres. Lorsqu'elles sont divisées de cette manière, on enfonce, avec précaution, presque sans secousse, sa binette, en la poussant afin de mieux la diriger pour ne pas couper les œillettes que l'on veut laisser, parcequ'il faut les approcher de très-près pour leur dégager le pied de la terre qui le serre, car la plante d'œillette serrée ne vient pas. Lorsque l'œil-

20.

lette est bien dégagée à son pied, on enfonce sa binette un peu de côté, assez profondément dans la terre, parce qu'il faut un très-fort labour à cette plante. S'il y a de l'herbe au pied, il faut l'enlever avec les doigts. Enfin il faut qu'il n'y ait rien qui la serre. Lorsqu'il y a beaucoup de mauvaises herbes, que le temps n'est pas beau, il faut les couper avec la binette, les ramasser ensuite avec les mains, et en faire des petits tas, où il se trouve du vide entre les œillettes. L'herbe coupée et enlevée, on enfonce la binette dans la terre afin de lui donner du labour. Il faut avoir soin de se retourner chaque fois qu'on avance un pas et remuer la terre que l'on vient de retasser en posant ses pieds. Enfin, il faut que, lorsque l'ouvrier bineur est passé on voie toutes les œillettes à même distance l'une de l'autre, de dix à quinze centimètres, autant que faire se peut, parce que l'on ne peut pas en replanter une seule ; elle ne reprendrait pas. Plus les œillettes sont séparées l'une de l'autre, plus elles deviennent fortes. Il n'est pas très-rare de voir un pied d'œillettes, qui ait vingt centimètres de tour et dans son rayonnement, porter de vingt à vingt-cinq belles têtes ; mais elles ne mûrissent pas toutes ; c'est le motif pour lequel on aime à les avoir plus près l'une de l'autre, parce qu'elles mûrissent mieux et rapportent plus de grains. Les explications que je te donne me paraissent t'embarrasser ; mais tu n'auras pas fait biner deux jours que tu comprendras facilement le travail, et que tu sauras biner toi-même. Il suffit que tu répètes ce que je viens de te dire aux ouvriers, pour qu'ils pensent que tu sais biner ; et, d'un autre côté, ils se mettront en garde. Sois sévère, en leur disant de bien faire le travail. Ils se diront que tu es très-entendu pour le métier ; tu verras de suite l'exécution de

ce que je te dis ; tu le comprendras, et, au bout de deux
heures tu sauras biner des œillettes et en faire biner
comme un maître. Je te recommande de faire séparer les
œillettes avec soin l'une de l'autre, de ne pas les laisser
trop près, à moins que ce ne soit dans les cas que je
t'ai indiqués, de faire bien couper toutes les herbes,
de les faire ramasser en temps pluvieux, ou lorsqu'il y en
a beaucoup, parce que s'il pleut deux ou trois jours après,
les herbes reprennent à moins que ce ne soient toutes herbes sans racines, telles que les *raveluques*; tu dois avoir
bien soin aussi de faire cueillir toutes les herbes qu'il y
a au pied de l'œillette. Fais donner ensuite un bon binage.
Tu aimes bien à remuer la terre et à la faire remuer ; va
sans crainte et toujours avec un peu de précaution.

Je partais pour aller remplir la nouvelle mission dont je
venais d'être chargée et pour surveiller en même temps le
domestique et celui qui me remplaçait, ma maîtresse me
dit : « Mais, un instant, ce n'est pas fini ; je ne veux pas recommencer demain à te donner des leçons ; il faut que je
t'explique tout ce que je sais de la manière de biner les
œillettes, et elle continua ainsi :

« Lorsque l'on a biné les œillettes deux fois, le travail
n'est pas terminé ; il faut les biner trois et quelquefois quatre
fois. Il faut aussi que je te dise un mot sur le troisième binage qui servira pour le quatrième, s'il est urgent de le faire.
Après le second tour de binage fait, on a un peu plus de
temps pour faire le troisième, quoique les œillettes poussent très vite, principalement lorsque le binage a été bien
fait. Aussitôt que l'on peut commencer à procéder au
troisième binage, il faut avoir soin de ne pas prendre les sillons de la même façon, afin de croiser son travail. De cette manière il est facile de remuer la terre qui

ne l'a pas été la seconde fois, et de mieux compasser l'œillette qui ne l'a pas été non plus. D'un autre côté, on se
présente d'une autre face au pied de l'œillette. Il est facile
de la bien dégager de ce que l'on n'a pas pu remuer de
terre la première et la seconde fois, et de plus de couper
les herbes qui ont échappé à la binette, parce que quelles
que soient les grandes précautions que l'on puisse prendre,
il en échappe toujours; mais, en croisant son travail, il
en reste toujours moins. En donnant le troisième tour de
binette, l'œillette est déjà grande, et l'on est obligé d'en
laisser encore une grande quantité près l'une de l'autre, à
cause des vides qui se trouvent souvent dans une pièce.
Lorsqu'il faut en laisser deux près l'une de l'autre, on les
divise par un peu de terre que l'on met entre deux : c'est
ce qui leur donne la facilité de venir plus fortes. Elles se
divisent en poussant et reçoivent chacune les bonnes rosées
qui viennent tomber la nuit et qui contribuent tant à leur
développement. En donnant le troisième binage, il est encore temps de couper les œillettes qui sont trop près l'une
de l'autre. Le développement qu'elles ont pris permet d'apercevoir plus facilement celles qui sont nuisibles; on les coupe. Il ne faut jamais laisser oublier aux ouvriers de remuer
les tassements qu'ils ont faits avec leurs pieds, parce que
l'œillette ne veut pas être serrée, et tu dois comprendre
avec quel courage on doit enfoncer sa binette dans la terre
(ou le faire faire aux ouvriers que l'on commande). Sans
ce travail, toutes les dépenses que l'on a pu faire et les
peines qu'on s'est données jusqu'à ce moment sont perdues. » Ma maîtresse me dit : « va maintenant et fais pour
le mieux. »

Je suis parti rejoindre les ouvriers. Lorsqu'ils m'ont vu
venir, ils se sont dit, selon ce que j'ai su après, qu'ils al-

laient avoir un nouveau maître et qu'ils en profiteraient en ne faisant plus le travail aussi bien et qu'ils en feraient même moins. J'arrive à eux ; ils allaient commencer une autre pièce. Quelle ne fut pas ma surprise en voyant qu'ils n'exécutaient pas le travail comme ma maîtresse venait de me l'expliquer ! Je les laisse faire un peu, et je leur demande si c'était de cette manière qu'ils arrangeaient tous les jours les œillettes. Ils m'ont répondu que oui : je les ai laissés continuer un peu de cette manière, dans la crainte de me tromper moi-même; en ayant entendu leur réponse unanime. D'un autre côté, voyant qu'ils ne travaillaient pas comme je pensais qu'ils devaient le faire ; je leur ai demandé de nouveau si ma maîtresse ne les faisait pas travailler plus fort qu'ils ne le faisaient en ce moment. Ils m'ont tous répondu qu'ils ne travaillaient même pas aussi fort. Je leur ai dit : mais, en ce cas, elle est très indulgente à votre égard, parce que je crois que vous ne devez pas être fatigués à faire ce que vous faites. Ils me disent que je voudrais être en arrivant plus fier que ma maîtresse. Je les laisse continuer jusqu'à l'heure du déjeuner de cette manière en les encourageant et en leur faisant comprendre que ma tâche est plus difficile que celle de ma maîtresse ; qu'elle était maîtresse ; qu'elle était libre de faire travailler comme elle le jugeait convenable ; mais que ma mission était plus pénible ; qu'il fallait que je lui rendisse compte, et que, pour que je ne reçusse pas de reproches, il fallait qu'ils travaillassent plus fort. Ils m'ont fait quelques réponses inconvenantes et ils me disent que si je ne cesse de leur commander de travailler plus fort, ils s'en retourneront. L'heure du déjeuner arrive ; ils mangent. Pendant ce temps, je vais voir une pièce d'œillettes à côté de celle de mon maître, laquelle avait été binée depuis peu de jours. Je remarque

20.

avec facilité qu'elle était mieux arrangée que celle que les ouvriers que je conduisais arrangeaient celle de mon maître. Je reviens vers mes ouvriers en me disant qu'ils m'avaient trompé en m'assurant que ma maîtresse ne faisait pas mieux arranger ses œillettes qu'ils ne le faisaient. Je venais d'ailleurs de remarquer que celles que j'avais vues étaient beaucoup mieux, et il m'avait été recommandé de faire arranger celle où on travaillait au moins aussi bien. Il était donc incontestable que les ouvriers me trompaient sur ce sujet, et qu'ils pouvaient bien faire de même pour la quantité de besogne. Je pris en conséquence la résolution de leur faire faire mieux le travail et de leur en faire faire davantage. Arrivé à eux, je leur exprime mon double mécontentement en leur faisant de sévères reproches et en leur disant que je les renverrais tous s'ils ne faisaient pas mieux et plus de travail. C'est à ce moment qu'ils m'ont dit qu'ils ne l'avaient fait que pour s'assurer si je savais ce que j'avais à faire. Je les ai fait recommencer à travailler, et à l'instant même, ils ont mieux arrangé les œillettes et fait beaucoup plus de besogne. Je me suis dit : « Vous m'avez trompé, je vous le ferai payer cher. »

J'ai continué à conduire les bineurs d'œillettes tout en surveillant le charretier et en m'assurant du soin qu'il apportait aux travaux qu'il faisait et des nourritures qu'il donnait aux chevaux, jusqu'à ce que les œillettes aient été arrangées la seconde fois, sans avoir presque rien de nouveau à reprocher à mes ouvriers. Lorsqu'ils ont eu terminé de biner la dernière pièce d'œillettes, je les ai fait recommencer à biner, pour la troisième fois, par la pièce où ils avaient commencé. J'ai pris du papier et un crayon pour marquer tous leurs noms et inscrire leurs jours. Nous arrivons à la pièce ; je les fait commencer à biner.

Ils veulent encore une fois essayer de me tromper en faisant le travail plus mal. Je les rappelle à l'ordre au même moment, en leur expliquant la manière dont je voulais faire arranger les œillettes et d'après les instructions de ma maîtresse. Je les ai prévenus que ceux d'entre eux qui ne se conformeraient pas exactement à ce que je leur dirais ou qui ne travailleraient pas convenablement et plus fort qu'ils ne l'avaient fait jusqu'alors, je les renverrais et j'en prendrais d'autres. Il n'y en a eu qu'un qui a cherché à me tromper ; je l'ai renvoyé. J'en ai cherché deux autres que j'ai amené à sa place. Lorsqu'ils se sont aperçus que ce que je leur disais était vrai, les bras et la hinette marchaient comme par ressort ; je n'avais plus que de la satisfaction à les conduire. Ma maîtresse les a conduits quelquefois à ma place. Ils lui ont dit qu'ils avaient bien perdu après elle. Elle leur a répondu : « Il m'informait de tout ce que vous prétendiez faire ; je l'ai autorisé à faire ce qu'il a fait ; je l'avais autorisé aussi à vous renvoyer tous si vous persistiez et, j'aurais, comme je l'avais déjà fait, approuvé sa conduite. » Lorsque je suis revenu me remettre à la tête des ouvriers, je les ai trouvés aussi bien disposés que je les avais quittés. Je n'ai eu, par la suite, qu'à me louer d'eux. Je leur plaisais très-bien malgré l'entière exactitude que je leur faisais apporter à leur travail. Je me suis toujours servi des mêmes ouvriers pendant l'été. Ils ont toujours fait un travail parfait partout où je les ai conduits, parce que, pour que des ouvriers soient bien conduits, il faut s'occuper de vérifier ce qu'ils font, savoir leur dire que l'on est à peu près satisfait et leur faire un reproche sévère lorsqu'ils le méritent ; leur faire comprendre comment on entend que le travail soit fait, à exiger qu'ils le fassent par principe, parce qu'il ne faut qu'une bonne direction pour que la culture soit bien faite. Les plus mauvais ouvriers comprennent tous les travaux de binage en deux ou trois jours, et, s'ils ne les font pas convenablement, il faut les renvoyer immédiatement. Je ne parlerai pas des autres binages que j'ai fait, parce que toutefois que l'on sait bien biner les œillettes, qu'on le fait avec goût et avec courage, il est très-facile de faire tous les autres ; il ne s'agit que de bien conduire les ouvriers.

Je me suis déjà dit bien des fois, depuis cette époque, quand verrons-nous arriver le moment où le grand cultivateur n'aura plus besoin d'avoir constamment les yeux sur son travail pour qu'il s'effectue selon ses ordres ? Quand verrons-nous le moment où on n'aura plus besoin d'un préposé pour surveiller les ouvriers ? Quand verrons-nous le moment où on n'aura plus besoin de vérifier leur travail et où ils réfléchiront qu'ils sont nés pour agir et diriger et non pour être commandés lorsqu'ils sont capables, et qu'ils comprennent leur devoir et leur action ? Quand seront-ils assez généreux pour faire beaucoup de travail et le bien faire sans y être contraints ? Quand verrons-nous le moment où l'homme se pénétrera qu'il doit aussi bien travailler pour autrui que pour son propre compte, alors qu'il reçoit le prix de son salaire ? Quand verrons-nous le moment, je le répète, où le maître n'aura plus besoin d'un chef d'atelier pour conduire les ouvriers, ce qui lui coûte considérablement ? Quand verrons-nous le moment où les ouvriers songeront sérieusement que le chef d'atelier, bien qu'étant payé par le maître, est rétribué sur la diminution de prix que celui-ci est obligé de leur faire subir ? Il agit ainsi parce qu'il est obligé de se retrancher pour que les dépenses n'excèdent pas les bénéfices. Quand entendrons-nous les ouvriers dire hautement :

nous travaillons à la terre, ce qu'elle produit est notre
nourriture ; en travaillant bien pour notre maître, il ré-
coltera beaucoup. Il ne peut consommer toute sa récolte ;
il nous la vendra ; en récoltant beaucoup, il nous la cé-
dera à bon marché. Il faut qu'il le fasse ; il ne peut s'y refuser. Il faut même qu'il nous l'offre, afin d'en faire de
l'argent pour nous payer et acquitter ce qu'il doit. Il verra
de plus qu'il a encore davantage de bénéfice. Il sera satisfait de même ; nous revenons dans l'aisance ; nous serons
pauvres, mais nous serons heureux, et nos chers petits enfants n'auront plus faim. Ils seront bien couverts et bien
chauffés, et ils pourront, ainsi que nous, affronter les intempéries des saisons aussi bien que des riches cultivateurs. C'est là que nous serons heureux ; c'est là seulement que nous jouirons de cette égalité après laquelle
nous soupirons parce que nous aurons de la satisfaction. Le
peuple saura reconnaître qu'il est né pour le travail et qu'il
ne peut exister sans le travail. Il prendra les instruments
qui lui sont nécessaires pour aller avec courage remplir les
volontés du créateur en disant : je vais travailler pour un
maître qui me paiera ; Dieu bénira le travail que je vais
faire, afin que le maître récolte beaucoup ; qu'il puisse me
donner de quoi nourrir toute ma famille et ne pas voir mes
enfants, mes parents et moi-même, avoir faim ou froid.
Quand verrons-nous et entendrons-nous le peuple dire
celà ? Ce sera aussitôt que l'on aura donné, je le répète,
une bonne éducation aux enfants, afin qu'ils puissent facilement connaître leurs devoirs, et sachent que la terre
peut nourrir toute l'espèce humaine et la rendre heureuse.

Juin 20. — Aussitôt les œillettes binées, j'ai repris mes
chevaux ; et j'ai continué la culture avec un nouveau goût
et un nouveau courage, parce que, plus je m'apercevais

de la nécessité de bien cultiver, plus je le faisais avec zèle. Je ne me sentais plus travailler et je me trouvais, par ces motifs, le plus heureux des mortels. Je me disais souvent : « Oh ! si mon père et ma mère étaient encore là, avec quel courage ne travaillerais-je pas à la terre avec eux, afin de les rendre heureux ! Oh ! si j'avais des frères et des sœurs, comme je les encouragerais à travailler pour faire notre bonheur commun, pour faire celui de tous les hommes, en servant d'exemple à ceux qui ont du courage et de la force, pour donner le goût du travail à ceux qui ne l'ont pas. Nous travaillerions pour nourrir les malheureux orphelins qui meurent de faim ; nous travaillerions pour les infirmes ; nous travaillerions pour les bons vieillards que le temps et les pénibles travaux ont usés ; nous travaillerions pour perfectionner ce qu'ont fait ceux qui nous ont précédés ! Oh ! si ces hommes avaient eu nos connaissances, nos instruments et nos chemins ; s'ils avaient eu tous les moyens qui sont à notre disposition, ils auraient cultivé bien mieux que nous ; leur position n'est pas comparable à la nôtre ; nous sommes comme les plus grands propriétaires d'une ville pendant qu'ils n'en étaient que les plus misérables. Si je ne voulais abréger, je démontrerais que nous sommes bien plus riches aujourd'hui que ne l'étaient les plus grands propriétaires de leur temps, parce que nous avons par mille les choses utiles qu'ils n'avaient pas, ce qui nous donne de grandes satisfactions. Je m'arrête à ce grand mot qui fait à lui seul le bonheur de l'homme. »

Je continuai les travaux que je faisais et qui consistaient alors à disposer la terre pour le recoupage, qui est le labour qui demande le plus de soin. J'ai charié sur les terres de mon maître tous les engrais que je pouvais trouver ; je les ai enterrés presqu'aussitôt, et le moment de la moisson est arrivé.

Je ne dois pas oublier de parler des belles récoltes qui couvraient les pièces de mon maître ; elles dépassaient de beaucoup nos espérances : c'était ici une pièce d'œillette qui charmait tous les passants ; là c'était une pièce de lin qui faisait envie à tous les amateurs ; plus loin c'était des fèves, avoines, pommes de terre, vesce, trèfle, minette, sainfoin, et tout ce que j'avais ensemencé, qui faisait l'admiration de tous ceux qui passaient. Beaucoup de personnes se déplaçaient pour visiter ces champs magnifiques qui faisaient l'admiration de tout le pays. D'un autre côté c'était la plus belle récolte de blé que l'on ait encore vue dans le pays, sans compter les orges, seigles et hivernaches, que l'on allait couper sous peu de temps. Comme j'étais heureux d'entendre tous ceux qui me rencontraient me traiter de maître cultivateur, en me disant que je ferais la fortune de mon maître, quoique sa fâcheuse position l'ait empêché de me surveiller ! Que ces mots me semblaient beaux ! mais il m'arrivait toujours de penser au brave et digne vieillard qui m'avait guidé, et qui avait pris tant de peine pour m'apprendre à bien cultiver. Je me disais souvent, les larmes aux yeux, que l'on me donnait une gloire que je ne méritais pas ; qu'elle appartenait à l'homme qui m'avait instruit, et qui reposait dans le ciel avec les justes.

Tout en continuant notre culture, la moisson est arrivée. Nous avons engrangé le plus de blé que nous avons pu, et nous avons fait plus de meules, cette année, que mon maître n'en avait fait depuis quatre ans. Aussitôt les blés rentrés, nous avons continué la culture ; mais toujours de mieux en mieux. Ma maîtresse, ayant vu qu'elle avait récolté plus qu'elle ne l'avait jamais fait, a acheté un beau cheval de plus, afin de ne pas fatiguer les autres, bien qu'ils fussent encore en très-bon état, parce qu'ils étaient bien nourris, bien heurés, bien pansés, et très-bien conduits ; ils faisaient aussi l'admiration de tous les fermiers.

Avec le cheval que nous avions en plus, il nous a été très-facile de bien disposer nos terres pour ensemencer le blé, parce que nous pouvions faire le transport des récoltes avec trois chevaux seulement. Madame a pris un ouvrier de plus pour faire le chargement des denrées, fumiers, etc. Pendant que l'un de nous s'occupait à la culture, cette mesure nous a donné la facilité de bien disposer les terres.

Peu de temps après notre récolte de blé, notre maîtresse ne voyant pas moyen de pouvoir consommer toute sa récolte avec ce qu'elle avait de bestiaux, a acheté trente moutons et deux veaux afin de faire du fumier pour mettre les terres et parfait état d'engrais.

Septembre 10.—Le temps a été un peu pluvieux lors de la rentrée des mars, et pour cultiver. Pour cela le cheval de supplément nous a donné une bien grande facilité. Nous sommes parvenus à rentrer toute la récolte assez bonne, malgré les pluies. Quelques jours après nous avons disposé les terres pour les ensemencer.

Le moment de la semaille de blé étant arrivé, nous avons commencé comme de coutume, mais c'était un plus grand plaisir. Il n'y avait pas une seule herbe dans les terres que nous avions arrangées ; on ne voyait pas un seul chardon ni une grosse roque ; on ne voyait plus comme dans les autres champs, ces exécrables herbes qui ne font qu'infecter la terre et la plante ; on ne voyait

pas une seule de nos pièces de terre qui laissât quelque
chose à désirer. On ne sentait plus ces tassements sous ses
pieds lorsque l'on traversait les terres, ce qui nuit consi
dérablement à la jeune plante ; on sentait en marchant, que
la terre avait été bien labourée, bien hersée et roulée ; on
sentait que le rouleau avait été employé en temps opportun, pour combattre les rayons du soleil qui viennent, tout
étant utiles à la plante, dessécher les propriétés, on voyait
que l'on avait employé cet instrument si utile qui vient
redonner même sans pluie de la fraîcheur à la terre déjà
trop sèche. Par cela même il lui donne une puissance vé-
gétative que la terre conserve pour la nutrition de la
jeune plante, élément sans lequel elle ne peut grandir.
C'est donc dans des terres ainsi disposées que nous avons
ensemencé, en très-peu de temps, tous les blés et autres
grains, grâce à l'aide du cinquième cheval. Nous lui
avons fait rabattre tous les sillons où il y avait du blé
et autres grains de semés, nous avions pris à cet effet des
hommes de plus pour conduire le binot pendant la semaille.
Nous avons ainsi pu arranger toutes nos terres de la
manière la plus parfaite.

La semaille terminée, notre maître nous a fait appeler
dans sa chambre, et nous dit, les larmes aux yeux !
mes enfants, car je puis vous appeler ainsi, votre manière d'agir à mon égard vous à acquit toute mon affection. Vous prenez à ma souffrance une part que bien des
enfants ne prennent pas à celle de leurs parents ; vous
venez d'exécuter de pénibles travaux, vous avez fait votre
tâche comme si c'eut été pour votre compte personnel,
vous avez travaillé de la manière la plus parfaite: le ciel
a béni vos travaux et ceux de l'année précédente accom-
complis sous la surveillance de ce brave et respectable

21.

serviteur qui repose maintenant dans le sein de Dieu. Vous avez aidé à moissonner, vous avez entassé dans mes granges toutes les belles récoltes que vos soins et la providence m'ont données, vous les avez convenablement rangées, vous avez disposé d'autres terres que vous avez ensemencées de la manière la plus convenable. J'ai chargé ma femme de vous en remercier ; je fais tous les jours des vœux pour le rétablissement de ma santé ; j'espère qu'ils seront exaucés, et j'ai lieu de croire que c'est aussi votre désir le plus vif. Ma guérison ne peut venir que du Tout-Puissant. Je l'attends de sa bonté, mais dans le cas où il en déciderait autrement, sans que je puisse vous revoir tous trois, je vous remercie de vos bons services ; je vous donne ma bénédiction, comme un bon père la donne à ses enfants.

A ces mots il était tellement fatigué qu'il s'est arrêté. Nous l'avons remercié le mieux qu'il nous a été possible et nous l'avons quitté en pleurant. J'ai aussitôt commencé les labours et les transports de fumier qu'il y avait à faire avec le domestique ; celui que ma maîtresse avait pris en dernier lieu, pour nous aider à faire la semaille, a été employé à battre ou à faire les travaux de l'intérieur de la ferme. Il nous a été plus facile de cultiver ; nous avons pu binoter avec deux chevaux et labourer les terres qui l'exigeaient avec trois : c'est ce qui nous a donné la facilité de terminer nos labours et d'enterrer nos fumiers avant la gelée.

Le moment d'aller à l'école est arrivé. Plus j'apprenais à lire à écrire et à calculer, plus je sentais que l'homme a besoin de l'éducation. J'ai continué d'aller à l'école jusqu'au premier beau temps, c'est-à-dire au moment où nous avons pu recommencer la culture, nous étions en février, j'ai dû cesser à mon grand regret de m'occuper de mon éducation.

Nous avons profité des gelées et autres temps convenables pour charrier tous les engrais qui étaient nécessaires à l'amélioration des terres. L'excédant des récoltes et les bestiaux qu'il y avait dans la ferme nous ont permis de faire considérablement de fumiers et nous avons pu penser un instant que nous en aurions de trop ; mais, aussitôt que nous en avons eu mis sur les terres que nous avions habitude de fumer l'hiver. Il nous est venu l'idée qu'une autre pièce en avait aussi besoin. Nous y avons charrié le fumier qui restait dans la cour. Nous avons ensuite vu et reconnu que celles qui restaient sans être ensemencées, en avaient également besoin, et là seulement nous nous sommes dit que l'agriculture était loin d'être à son plus haut degré de perfection ; plus on fume, plus on voit le bien que l'on fait à la terre, et plus elle donne de produits ; elle nous rend cent pour cent de bénéfice, et je me suis dit : cultivons et fumons cette terre qui nous récompense si bien et dont la source est inépuisable, et nous vivrons heureux.

C'est dans ces intentions que nous avons repris nos travaux ordinaires ; les terres devenaient de plus en plus en meilleur état de culture et d'engrais, et il nous était plus facile de cultiver, quoique l'herbe ait, pour ainsi dire, redoublé d'activité pour combattre contre-nous ; pour gâter nos travaux et faire périr nos jeunes plantes, mais elle ne pouvait y parvenir. Aussitôt que nous apercevions ce cruel ennemi, nous allions le renverser aussitôt qu'il paraissait parce que nous savions que, si nous différions, il serait plus fort, et que nous aurions plus de peine à le combattre et à le faire périr. Nous avons toujours eu les mêmes intentions et la même ardeur pour notre culture, pendant toute l'année, sans qu'il nous soit arrivé rien d'extraordinaire ni aucun accident.

Les récoltes en général ont encore été plus belles que les années précédentes. Notre maîtresse a encore pu garder plus de bestiaux qu'elle n'en avait eu jusque-là. Ils étaient tous dans un parfait état; et faisaient l'admiration de tous ceux qui les voyaient. Je suis encore allé à l'école l'hiver; en causant avec les fils des fermiers voisins, j'ai appris que l'on venait d'inventer de nouveaux instruments aratoires avec lesquels on faisait trois fois autant de travail qu'avec ceux dont nous nous servions. Cette nouvelle m'a réjoui; puis j'ai fait la réflexion suivante: on vient de découvrir des nouveaux instruments qui nous feront faire trois fois autant de travail que nous faisons avec ceux dont nous nous servons; nous pourrons encore mieux cultiver que nous ne le faisons. Oh! si mon guide était encore au monde, serait-il heureux, lui qui avait l'espoir que l'on apporterait quelques perfectionnements à l'agriculture en faisant d'autres instruments. Il avait bien l'idée qu'on en ferait, mais il n'avait pas assez de génie pour les faire; serait-il heureux s'il vivait encore, lui qui m'a si bien dépeint toutes les peines que nos pères ont eus pour amener la culture au point où elle était! Ils l'ont fait, me disait-il, sans génie, sans expérience, sans argent, sans instruments, pour ainsi dire sans bestiaux, sans chemins pour aller chercher au loin les engrais qui leur manquaient: aujourd'hui nous avons tout ce qui leur manquait. Oh! s'il était encore-là vivant, comme il se procurerait vite un de ces instruments dont je viens d'entendre parler! Si notre maîtresse le lui refusait, il vendrait plutôt ses habits pour en acheter un. Il irait ensuite, non pas seulement détruire les jeunes herbes qui sortent de la terre, mais les chercher jusque dans son sein, afin de ne pas voir à ses yeux plus longtemps le seul ennemi qu'il eut sur la terre. Hélas! il n'est plus; c'est lui qui m'a dressé; c'est lui qui m'a donné les principes; c'est lui qui m'a inspiré l'amour de la culture; c'est lui qui m'a appris, avec tant de soin, à cultiver la terre; c'est lui qui m'expliquait la manière de le bien faire, de le faire selon les diverses graines que l'on devait ensemencer. Il m'a appris ce qu'il savait; il m'a donné à connaître les intentions de son cœur, et c'est à moi de faire ce qu'il aurait fait. Je vais donc voir ma maîtresse; je lui ferai part de ce que je viens d'apprendre; je lui ferai connaître le désir que j'ai d'avoir un de ces instruments, et si elle n'y consent pas, ce que je suis loin de croire, je lui offrirai de vendre les effets qu'elle m'a donnés; je les vendrai pour me procurer cet instrument que le génie que Dieu a départi à l'homme vient de lui faire découvrir; oui, je vendrai mes effets pour acheter cet instrument, parce que mes effets ne sont utiles qu'à moi seul, tandis que l'instrument que j'achèterai fera du bien à beaucoup d'hommes, parce que je ferai beaucoup plus de travail; la terre sera mieux cultivée; elle produira plus; je serai bientôt imité. Si l'instrument dont on vient de me parler remplit bien les conditions que l'on m'a expliquées; je n'attendrai plus pour combattre l'herbe qu'elle jouisse des rayons du soleil; j'irai la trancher dans la terre, aussitôt que je présumerai qu'elle est prête à sortir, afin qu'elle ne puisse profiter un seul instant des engrais et de la bonne culture que je donne à la terre.

J'arrive auprès de ma maîtresse; je lui explique ce que j'ai appris; elle en est surprise. Elle dit que s'il était facile de se procurer des instruments, on en aurait déjà fait, et qu'il est probable que celui qui me l'a dit a plaisanté. Je lui réponds que non , parce qu'il m'a donné un aperçu de l'instrument ; que j'ai lieu de croire que c'est une vérité. Je lui ai expliqué ce que l'on pourrait faire de travail avec cet instrument , en lui prouvant que ce serait avantageux ; « madame , lui dis-je , comme la terre serait bien arrangée. » — « Eh bien , me répondit-elle , je consens à acheter un de ces instruments , toutefois j'en parlerai à ton maître. Je ne veux pas arrêter les bonnes idées que tu as de bien cultiver la terre ; prends des renseignements pour connaître le nouveau constructeur ; informe-toi de la manière dont sont faits ces instruments , quel est le travail que l'on exécute avec , quel en est le prix , je ne veux rien épargner pour avoir tous les instruments aratoires nécessaires. » J'ai remercié ma maîtresse de ce qu'elle consentait à mes désirs , je me suis mis en mesure d'avoir tous les renseignements désirables , afin de lui en faire un rapport exact.

Je me suis empressé de savoir quel était le pays du constructeur. Quel était positivement l'instrument dans toute sa forme , afin de connaître à quelle espèce de travaux on pouvait l'employer dans la culture , ce que j'ai à peu près découvert en peu de temps. J'en ai informé ma maîtrese qui a consenti à en avoir un. Elle m'a chargé de la commission. Le constructeur m'a promis qu'il serait fait sous peu de temps et pour les premiers besoins qu'on pouvait en avoir, parce qu'il ne pouvait être utile que pour la semaille des grains. Je suis revenu à la ferme en instruire ma maîtresse, qui m'a demandé le prix de l'instrument ce à quoi je n'ai pu répondre, j'ai reçu à ce sujet quelques reproches. Elle m'a dit qu'elle tenait à connaître le prix avant de le faire faire. J'ai été obligé de retourner chez le constructeur qui m'a répondu qu'il en faisait à plusieurs prix. Il a donc fallu revenir à la ferme demander quel prix ma maîtresse voulait y mettre.

Arrivé à la ferme, ma maîtresse m'a dit de lui dépeindre les instruments et le travail que l'on pouvait faire avec chaque instrument, de quelle manière ils étaient faits et combien de chevaux il fallait pour les conduire. Je commençai à être confus du peu d'expérience que j'avais dans ces sortes d'affaires. Nous envions, me disais-je, de nos maîtres la place, sans considérer les soins à prendre pour bien faire ses affaires, principalement celles que l'on n'a pas encore faites. Pour ce qui me regardais et à propos de cet instrument que je désirais tant. Combien de pas inutiles n'avais-je pas déjà fait, nous ne connaissons pas les conséquences de la position de ceux qui sont au-dessus de nous, car combien d'inquiétudes, de peines et de tracas pour chercher ce dont nous avons besoin. Il nous serait impossible de pouvoir y tenir si nous étions à leur place. Nous les voyons quelquefois se promener dans les champs ; nous ambitionnons leur position. Ils ne savent quelquefois pas où ils sont, ni où ils vont, parce qu'ils ont l'esprit tracassé par diverses affaires ou par diverses combinaisons, afin de parvenir à prendre le meilleur chemin pour arriver au but et pour ne pas perdre leur crédit. Il vient plus de cent affaires par jour déranger leurs projets. Si nous les voyons prendre quelquefois des récréations honnêtes, nous désirons ardemment leur place : ils nous la céderaient bien volontiers, parce que, pendant qu'ils sont, selon nous, à se récréer, leur imagination et leur esprit n'y sont pas. Ils sont souvent portés bien plus loin, pour chercher à arranger une mauvaise affaire, ou ils songent au chemin qu'ils prendront pour en éviter une autre, ou bien encore ils imaginent quelques nouveaux moyens, afin de mieux faire leurs affaires. Si nous les voyons quelquefois passer à cheval, pendant que nous sommes à cultiver la terre, nous envions encore leur position; ils vont peut-être pour arranger quelqu'affaire qui ne tourne pas à leur avantage. Enfin, il y a beaucoup d'affaires qui ne vont pas selon leurs vœux malgré les soins qu'ils y apportent; au lieu d'avoir de la satisfaction ils n'ont que des déboires. Et à quoi bon envier la place d'un homme qui n'a pas le quart de ce que nous pouvons avoir de satisfaction en ce monde ? A quoi bon la vie sans satisfaction ? On a beau paraître homme, si cet état de bien être n'est qu'apparent. Eux aussi, nos maîtres, envient notre position; ils ont plus raison que nous; parce que toutefois que nous avons du pain, toutefois que les pauvres pères de famille ont du pain pour donner à leurs enfants, ils ont de la satisfaction, et ils sont heureux. Nous, nous trouvons facilement notre satisfaction et nous la trouvons dans très-peu de chose; du pain, pour nos enfants, et, pour nous, du travail, qui soit selon notre goût, être à peu près bien vus de nos maîtres, avoir de beaux chevaux à conduire, si nous sommes charretier, et nous voilà de suite à chanter, en tenant les cornes de notre charrue tandis que l'on n'entend jamais les maîtres en faire autant, et il est très-rare de les voir éprouver quelque satisfaction. Il y a toujours quelques affaires qui les dérangent et ils passent leur vie dans les tourments. Ne voyons-nous pas qu'il nous est recommandé de prier pour nos maîtres et maîtresses ? Eh bien, celui qui l'a commandé commentant les deux positions; il peut les apprécier : c'est Dieu, et nous devons donc penser que nous nous trompons, lorsque nous envions leur place, parce qu'ils ont plus à répondre que nous et qu'ils sont par conséquent plus à plaindre. En réfléchissant à ces mots, j'arrivais chez le constructeur.

Pendant les trois voyages que je venais de faire j'avais fait mes réflexions, et cette fois j'ai prié le constructeur de me donner par écrit ou de me dicter la manière dont ses instruments étaient faits, combien de chevaux il fallait pour les conduire, le travail que l'on faisait avec l'indication du prix de chaque objet, afin de ne plus avoir à revenir et de pouvoir donner moi-même l'explication à ma maîtresse. Il me remit pour ainsi dire, le devis exact des deux sortes d'instruments qu'il faisait. Je l'ai remercié et je lui ai dit que ma maîtrésse lui enverrait la réponse, attendu que mon maître était malade, et je retournai à la ferme.

Je n'ai pas pu, étant sorti de chez le constructeur, m'empêcher de songer de nouveau à la position du maître et du domestique, et je pensais naturellement à mon maître ; je me disais : mon maître est malade ; il souffre : c'est une position qui n'est pas agréable à personne, on n'aime pas à être malade ; il l'est déjà depuis longtemps ; il est usé de l'être ; il voudrait être avec nous ; il craint toujours qu'il nous arrive quelqu'accident ; il craint que son travail ne soit pas bien fait ; il voudrait le voir faire ; il voudrait voir la manière dont nous arrangeons les terres et dont nous les ensemençons ; il voudrait voir ses terres ; il voudrait voir sa récolte; il ne peut pas sortir de sa chambre. S'il nous voit ce n'est que par une croisée dans la cour ; il voudrait nous suivre, il ne peut le faire; madame dans l'espoir de le guérir, emploie tous les moyens possibles. Aussitôt qu'elle a trouvé quelque chose qu'elle croit pouvoir lui faire du bien, elle le lui offre ; il n'accepte pas et dit qu'il le prendra dans un instant. Elle lui offre alors de nouveau, il refuse encore ; elle ne lui laisse pas le temps le désirer ; il refuse toujours. S'il accepte ce n'est que pour lui faire plaisir ; il est dégouté de tout. Il se force pour en prendre un peu ; son estomac le refuse ; enfin, malgré de nombreuses sollicitations, il finit par refuser net. A l'instant même, sa femme lui présente divers autres remèdes, elle n'est pas plus heureuse que la première fois. Il finit par dire qu'il ne veut rien du tout.

Pendant que vous voyez un pauvre malade, rien ne le dérange ; il est tranquille dans son lit ; il cherche néanmoins à se guérir parce que c'est la plus fâcheuse position de l'homme. S'il a une femme et des enfants, si la nourriture leur manque, on leur en donne ; le pauvre reste malade, on le soigne : des âmes charitables pourvoient à ses besoins ; ses enfants sont assistés ; et, aussitôt que le malade va un peu mieux, s'il a été gravement attaqué, il est désireux de tout, parce qu'on ne lui apporte rien. Il fait sentir ses besoins ; les bonnes âmes lui donnent ce qui peut lui être utile, et il l'accepte avec la plus grande satisfacton. S'il ne peut le manger, il remercie son bienfaiteur des égards qu'il a pour lui, et il est satisfait en le faisant ; il se trouve heureux. S'il est convalescent, il va rendre une visite aux riches, ce que le riche ne fait pas au pauvre ; le riche a égard à sa position. Il le reçoit avec plus d'amitié que de coutume ; il lui fait prendre ce qui lui est nécessaire, et il reçoit encore là une double satisfaction que le riche ne peut pas recevoir. Oh hommes ! dont la position vous permet de soulager les pauvres, qui sont vos frères, faites-le de bon cœur, parce que c'est peut-être, dans cette seule circonstance, que vous pouvez avoir une véritable satisfaction. Et vous, pauvres, acceptez de bon cœur, parce que vous faites par là le plus grand bonheur que le riche puisse avoir. Vous éprouverez ainsi une double satisfaction, ce que le riche ne peut pas espérer.

J'arrivai à la porte de la ferme; j'ai remis les deux notes à ma maîtresse qui, après les avoir examinées et m'avoir demandé quelques explications, a fait connaître au constructeur de quelle manière elle voulait un instrument.

25 Février. — Pendant le temps que je faisais toutes ces courses, rien n'a empêché la culture qui y avait rapport, de marcher convenablement, parce que j'étais remplacé par l'homme que nous avions pris pour faire la semaille. Aussitôt que j'ai été libre, j'ai repris mes chevaux.

10 Mars. — Peu de temps après, nous avons commencé à disposer les terres pour les ensemencer. Le peu que j'avais semé l'année précédente, tant en lin, œillette qu'en avoine et autres grains de mars, ainsi qu'en blé, m'avait ouvert les idées, et donné l'espoir de pouvoir réparer le mal que j'avais fait. J'ai donc bien examiné mon travail et je me suis fixé sur la marche que je prendrais pour réparer ma faute, sauf toutefois à faire de nouveaux changements, si je n'y parvenais pas; mais j'étais toujours fermement résolu à aller visiter toutes les pièces de grains que j'ensemencerais et à bien raisonner ce que je ferais en les semant, afin de m'en rappeler et de pouvoir me corriger si je faisais des fautes.

Le moment de la semaille est arrivé. Comme j'avais assez bien réussi l'année précédente, et que j'avais eu soin de prendre note de ce que m'avait dit le parent de ma maîtresse, je me croyais à peu près capable. J'ai ensemencé toutes les graines au fur et à mesure que les terres étaient disposées. J'ai fait toute la semaille de mars qui est la plus importante ; j'avais soin , lorsque je croyais qu'il y en avait une pièce où le grain était levé d'aller la visiter. J'ai encore fait quelques petits sillons , mais je me suis corrigé dans la semaille de mars, et , vers la fin , j'étais t ès-bon semeur. J'avais l'avantage en semantd'être toujours avec les deux autres domestiques ; je surveillais ce qu'ils faisaient : le travail était aussi bien fait et les chevaux aussi bien conduits que si je l'avais fait moi-même.

L'instrument que j'avais commandé a été fait pour la semaille de mars. Comme je n'en avais jamais vu et que j'ignorais comment on le conduisait , quoiqu'il en existait déjà , depuis quelques années, chez les grands cultivateurs de nos cantons, il n'y en avait pas dans notre localité et c'était comme si il n'en eût pas existé pour moi.

Je commence donc la semaille d'avoine avec trois chevaux attelés pour traîner cet instrument. Les renseignements qui m'avaient été donnés m'ont aidé à trouver les moyens de le faire bien fonctionner. Le domestique qui était avec moi à de suite compris la manière de le baisser et les soins qu'il y avait à prendre pour bien le conduire et bien arranger la terre. Les chevaux , ces animaux doués d'une si grande intelligence ont su au deuxième sillon ce qu'ils avaient à faire. L'instrument était assez bien confectionné ; il faisait de bon travail ; la terre était bien disposée ; les chevaux n'avaient pas trop de peine à le traîner ; nous faisions , pour ainsi dire , autant de travail que nous voulions. Les deux autres chevaux arrangeaient la terre derrière avec une herse de bois. Le nouvel instrument faisait plus de labour qu'ils n'en pouvaient arranger convenablement. J'ai eu la facilité de lui laisser parfaire le travail en prenant ma herse de fer , et je suis allé passer une ou deux

fois dans le travail qui avait été fait avec la herse de bois.
Je l'ai rejoint aussitôt qu'il a eu fait sa dernière pièce.
Nous avons ensuite semé le reste d'avoine. Il a plu un
peu pendant deux ou trois jours. Je lui ai fait faire d'autres
travaux, afin de ne pas arranger l'avoine en temps humide,
et nous avons terminé la semaille. Le charretier qui enterrait le grain a terminé aussi. Le temps s'est remis au
beau ; nous avons repris chacun notre herse et nous avons
arrangé nos terres de la manière la plus parfaite.

Je me suis trouvé quelquefois avec des cultivateurs voisins qui me disaient à quoi bon cet instrument? Nous avons
toujours cultivé sans, et nous avons toujours bien cultivé.
Je leur ai répondu : vous avez toujours cultivé sans cet
instrument, c'est vrai; « Vous avez toujours très-mal cultivé, parce qu'il vous manquait toujours du temps ; le
moment de la semaille arrivait, vos terres n'étaient pas
arrangées; vous vouliez le faire, vous semiez ensuite trop
tard, et, malgré votre courage, vous ne faisiez pas de
bonne besogne. Vous ne pouviez pas arranger convenablement vos terres; vous ne récoltiez pas. On nous offre des instruments qui nous sont très-avantageux ; acceptons les en
attendant qu'on nous en offre qui viennent suppléer à ceux
qui sont déjà connus, parce que nous sommes tous forcés
de nous incliner devant le progrès ; remercions Dieu et ceux
qui nous offrent de l'avancement, sans lequel nous serions
toujours malheureux. » Ils n'ont plus hésité; après ces quelques mots, à me dire que j'avais raison.

J'avais donc un de ces instruments qui me permettait
d'aller combattre notre ennemi dans la terre, parce que je
pouvais faire plus de travail. Aussi, je n'avais pas terminé
ma semaille de mars que je me disposais à aller vigoureu-
sement lutter contre lui dans les terres qui n'étaient pas en-

22.

semencées en jachère, pour ainsi dire avant qu'il ne fût né.

La semaille d'avoine terminée, je prends aussitôt ma herse en fer et le rouleau qui me suivait; j'arrange les jachères d'une manière convenable ; je les ai laissées quelques jours tandis que j'ai charrié et enterré les fumiers qu'il y avait dans la cour, parce que l'abondance de paille et la quantité de bestiaux qu'il y avait en faisaient considérablement. Aussitôt le fumier enterré, nous avons roulé la terre, pour que les rayons du soleil ne viennent pas la dessécher. J'ai pris ensuite l'instrument ; j'ai donné un petit labour à toutes les jachères ; afin de mettre à jour toutes les mauvaises herbes et les faire mourir par l'ardeur du soleil. Aussitôt qu'elles ont été bien sèches, j'ai fait donner un tour de herse de bois pour rabattre les sillons de l'instrument, afin que la terre puisse reprendre l'humidité pour que toutes les mauvaises herbes germent. Quelques jours après, nous y sommes allés avec une herse de fer et un rouleau. Nous avons hersé et roulé notre pièce de terre jusqu'à ce qu'elle ait été en parfait état de culture.

Nous nous sommes occupés d'autres travaux pendant quelques temps, pour les divers besoins de la maison, puis est venue la culture des mars comme l'année précédente. Pendant ce temps, les bestiaux ont encore fait du fumier que nous avons conduit sur les terres, et enfoui afin que les rayons du soleil ne viennent pas enlever tout l'engrais et priver la terre de la végétation qu'il pouvait lui donner, parce qu'il faut aussi se défier de ce beau et utile soleil, car il frappe indistinctement de ses rayons toute la terre. Il frappe aussi bien la pièce qui n'est pas chargée de récolte que celle qui en est chargée ; il frappe aussi bien la terre qui n'a aucune herbe nuisible, que celle à qui ses rayons sont utiles pour faire mourir les mauvaises herbes. Que le cultivateur sache que le soleil ne donne pas de végétation à la plante, ni ne fait pas mourir les mauvaises herbes, sans échauffer la terre, et la dessécher. C'est au cultivateur a conserver les parties qui ne sont pas chargées de récolte, ou celles qui ne sont couvertes de mauvaises herbes qu'il veut faire mourir ; c'est au cultivateur à se mettre en garde. Il peut le faire en roulant sa terre lorsqu'il commence à faire sec ; elle reprendra aussitôt humidité. La surface unie qu'elle présentera couverte de poussière renverra l'ardeur des rayons du soleil ; elle conservera ses engrais et de l'humidité. En roulant et hersant la terre, par temps sec, on lui fait, par ce seul motif, un bien très-considérable. Je laisse aux hommes expérimentés à décrire ce point important ; j'indique seulement les moyens d'y porter remède d'après l'expérience que j'en ai faite et dont j'ai reconnu le très-grand avantage.

Je passai à peu près deux ans dans cette position, toujours en améliorant les propriétés de mon maître, attendu que je donnais toujours de plus en plus mes soins à la culture, et l'instrument nouveau que ma maîtresse avait acheté, nous donnait une grande facilité pour cultiver ; il nous permettait de faire plus du double de travail ; nous n'étions jamais en retard de culture, cette grande affaire du bon cultivateur, nous pouvions aller renverser l'herbe avant qu'elle ne sortit de la terre, ou quelques jours après qu'elle avait vu et ressenti les deux rayons de ce soleil qui lui faisait tant de bien et dont elle était si désireuse de pouvoir approcher. Mais nous avions combattue notre ennemi avec tant d'acharnement que, chaque fois qu'une pousse d'herbe se présentait à la surface, nous la renversions, nous la faisions mourir, et le nombre en diminuait chaque jour. Lorsque l'herbe se trouvait trop près de notre jeune plante et que nous ne pouvions la combattre avec nos instruments aratoires, nous avions des auxiliaires qui, avec d'autres instruments, la coupaient ou la déracinaient sans nuire à la plante. La plante s'élevait et privait, en les étouffant, les autres mauvaises plantes qui se présentaient ensuite des rayons du soleil ; elles ne pouvaient plus grandir ; elles mouraient languissantes, et on les trouvaient à demi-pourries aux pieds de la belle plante qui fait la récompense des bons soins que le bon cultivateur donne à sa terre. Lorsque la mauvaise herbe voulait nuire à des plantes que la culture ne peut plus secourir après qu'elles sont semées, la bonne culture que l'on donnait avant détruisait toutes les mauvaises herbes ; elles ne levaient plus en aussi grand nombre. La graine que l'on avait semée levait presque seule de la terre et se fortifiait immédiatement, à cause du bon état de culture et d'engrais que l'on avait apporté à la terre , elle étouffait la mauvaise plante aussitôt qu'elle levait. C'est ce qui démontre que l'homme peut tout par la bonne culture, parce qu'il rend son plus grand ennemi impuissant.

Je dis que l'homme peut tout par la bonne culture ; comment le prouverai-je ? S'il pouvait tout, il n'y aurait plus de malheureux. Je vais chercher à émettre les nouvelles idées qui me viennent sur l'agriculture et sur son importance, et faire ensorte de prouver que cette assertion est fondée.

Oui, l'homme peut tout par l'agriculture, en s'y appliquant, en cherchant à la connaître, en cherchant à la faire connaître, en lui faisant faire des progrès, il recevra chaque fois la récompense de ses peines, parce qu'une mère est toujours disposée à récompenser ses enfants.

Aimez la terre, car elle est votre mère ; aimez-là plus que vos pères ne l'ont aimée. Ils l'ont quittée avant de lui avoir fait tout le bien qu'elle exige ; elle n'a pu les récompenser malgré toute sa bonne volonté. S'ils lui avaient fait du bien , elle pouvait les récompenser et leur faire à tous leur bonheur, parce que sa source de bienfaits , pour ceux qui la soignent, est inépuisable. Nos pères n'ont pas assez cherché à connaître toutes les récompenses qu'elle voulait donner. Ils se sont voués à l'industrie commerciale, qui donne tant de chagrins, d'inquiétudes et de revers, et qui ne donne presque pas de satisfaction. Nos pères ont quitté la terre avant de l'avoir connue ; ils l'ont quittée sans presque savoir qu'ils étaient ses enfants et qu'ils ne pouvaient pas être véritablement heureux en délaissant leur mère dans un état aussi peu satisfaisant ; oui, nos pères, et même ceux qui étaient les plus capables, ont quitté la terre avant de nous avoir mis sur la véritable voie pour lui prodiguer tous les soins qui lui sont dûs. Cette bonne mère ne nous a pas oubliés ; elle nous offrait son sein comme elle nous l'offre encore aujourd'hui ; elle nous offrait tout ce qui pouvait être utile ; mais l'herbe, ce cruel ennemi de l'homme et des animaux qui lui sont utiles, vient pour dévorer tout ce que la terre nous offre. Nos pères n'ont pas compris que c'était à eux de la détruire, que telle était la volonté du Tout-Puissant et qu'il fallait s'y conformer. Ils ont laissé la terre dans cet état pour se mettre dans l'industrie commerciale , afin de vivre plus heureux, afin de faire faire des progrès à l'homme par ce moyen. Ils n'ont pas compris que l'industrie commerciale ne pouvait être bonne que lorsqu'on aurait fait à la terre tout ce que son importance exige

Parmi eux, il y en a qui ont résisté, et, malgré leurs

22.*

grands talents, il en est mort plus des neuf dixièmes. Je ne parle que de la mort pécuniaire : ceux-là sont dans la misère avec leurs talents (talents que les cultivateurs n'ont jamais possédés). Ils ont inventé de nouveaux instruments, de nouvelles machines. Il y en a qui ont persisté, mais le nombre en est si petit, en proportion de ceux qui ont succombés, qu'on n'en trouve pas un sur dix. Cependant, comme leur existence était plus publique et qu'on a toujours l'espoir de faire mieux qu'un autre, qu'on ne prend jamais le mal pour exemple, on a continué à entreprendre le commerce. Ce sont toujours les hommes les plus capables qui l'ont fait. Il y en a toujours les neuf dixièmes qui ont succombé; ils n'ont succombé que parce que l'agriculture, cette profession supérieure à toutes, était en retard. Pour avoir la preuve que c'est l'agriculture qui est l'industrie mère et la plus lucrative, bien qu'il n'y soit, pour ainsi dire, resté que des hommes peu capables, il suffit de constater les progrès surprenants qu'elle a faits depuis près d'un demi-siècle.

Ne faisons pas comme nos pères; cherchons à connaître et à aimer de bonne heure cette belle industrie; embrassons-la lorsque nous sommes en âge; promettons-lui d'agir par tous les moyens possibles, afin de lui faire faire des progrès; inventons les instruments et tous les moyens qui peuvent lui être nécessaires; travaillons la terre; cherchons à lui faire produire le plus possible, afin qu'il n'y ait plus de malheureux sur la terre; agissons pour être à la hauteur de ce beau siècle, qui doit être appeté le siècle de lumières; faisons tous nos efforts pour répondre à cette belle devise : *Fraternité!* Prenons toutes les mesures nécessaires pour que nos frères ne soient plus malheureux, car le cœur saigne de les voir mourir de faim, endurer les

intempéries des saisons, et nous aurons l'*égalité*; nous ren-
drons nos frères heureux en leur donnant de quoi vivre,
ainsi qu'à leurs enfants. S'ils n'ont pas l'égalité de for-
tunes, ils auront au moins celle de la satisfaction, et toutefois que l'on a de la satisfaction sur la terre, on est heureux :
les hommes deviennent égaux à la mort, puisque le plus
fortuné n'en emporte pas plus que le plus pauvre. C'est par
la satisfaction commune et le bien-être social que les habitants d'un pays peuvent prétendre à l'égalité. La France,
ce beau pays qui marche à la tête de la civilisation ; la
France, cette reine du monde, dont les enfants, conduits
par le plus grand guerrier des temps modernes, ont planté
le drapeau sur toutes les capitales de l'Europe ; la France,
qui dans les derniers temps avait acquis une importance
commerciale et une prospérité inouies, verra, malgré les
révolutions, tous ses enfants, jaloux de remplir leurs devoirs, travailler avec ardeur au bonheur commun sous les
ailes de la *liberté*.

Cultivons donc la terre, cultivons-la avec courage, nous
ferons renaître l'industrie commerciale par nos produits et
par nos utiles dépenses. C'est là, c'est en prenant ces mesures que nous entrerons dans la terre que Dieu, le Père
Éternel, a promise, il y a plus de quatre mille ans, à ses
élus.

Plus j'avançais en âge, plus je voyais que l'agriculture
était importante ; plus j'y prenais de goût. Je voyais qu'elle
pouvait faire le bonheur de tous les hommes ; je me trouvais toujours guidé par un nouveau courage. Le peu d'éducation que j'acquerrais tous les hivers me donnait la force
de mieux développer les idées qui me venaient ; je me
disais souvent : lorsque l'éducation sera propagée ; lorsque
tous les hommes comprendront leurs devoirs, le peuple

sera heureux, chacun apportera cette pierre de perfection-
nement à ce grand édifice, et il en recevra la récompense.
Le peuple travaillera de bon cœur, parce qu'il connaîtra
ses devoirs ; il respectera ses chefs qui, à leur tour, feront tout ce que leur position leur impose pour venir au-
devant de ce qui peut être nécessaire à l'ouvrier. Là seulement on vivra dans l'égalité, dans la liberté et dans la
fraternité, parce que chacun travaillera et recevra le prix
de son salaire. Il pourra acheter, à bon compte, tout ce
dont il aura besoin parmi les beaux produits de la terre, la
mère de tous les hommes.

Mon maître devenait de plus en plus souffrant. Ma maîtresse ne pouvait plus le quitter ; elle m'a chargé de m'occuper de tous les besoins de la ferme. Je mettais toujours
beaucoup d'activité dans ce que je faisais ; je rentrais toujours à la ferme de bonne heure et j'allais souvent, dans
les beaux jours, lorsque j'étais de retour de quelque
voyage, voir les domestiques dans les champs, pour m'assurer de leur travail. J'avais toujours soin de leur disposer
tout ce qu'il fallait pour leurs chevaux, quoiqu'ils ne
m'aient jamais trompé.

Malgré les mauvais temps qui viennent quelquefois déranger la plante, nous récoltions toujours beaucoup, ce
qui a donné à notre maîtresse la facilité d'augmenter le
nombre de ses bestiaux. Ils étaient superbes et témoi-
gnaient, à première vue, du bon soin qu'on en avait.

Le propriétaire de mon maître, qui entendait souvent
parler de la bonne culture que je donnais aux terres de
son fermier, me faisait appeler chaque fois qu'il se rendait à la ferme. Il venait quelquefois me trouver dans les
champs, parce qu'il habitait un petit château à proximité
de la ferme, et il m'engageait toujours à avoir le même

courage, en me disant que je serais récompensé. J'ai encore passé une année dans cette position, en exécutant ou en faisant exécuter les travaux avec plus de soin. Je ne négligeais rien non plus pour mon éducation ; j'allais encore à l'école au soir pendant trois ou quatre mois l'hiver, et, l'été, dans mes moments de loisir, je m'occupais à lire pour me désennuyer et pour apprendre en même temps ce qui pouvait m'être utile, ceci dura encore un an. Mon maître devenait toujours de plus en plus souffrant.

Bientôt on perdit tout espoir de le sauver, peu de jours après, il s'éteignit dans nos bras ; dans le même moment un petit fermier du hameau, qui était sans enfants, mourut ainsi que sa femme. Ma maîtresse se trouvait dans un bien grand chagrin, quoiqu'ayant été disposée à la mort de son mari, parce qu'elle savait depuis bien longtemps qu'il fallait qu'il en mourut, elle avait fait revenir sa demoiselle de pension quelques jours auparavant. Je la voyais hors d'elle-même ; je voyais la demoiselle de ma maîtresse dans le même chagrin. Je perdais mon maître que j'aimais comme mon père. Je versais des torrens de larmes. J'étais encore plus chagrin de voir ma maîtresse et sa demoiselle dans d'aussi grandes peines. Je ne savais plus ce que je faisais, ni ce que j'allais devenir. Il me semblait que de nouveau tous les malheurs tombaient ou allaient tomber sur moi, parce qu'il me serait difficile de changer de maison. Je n'étais plus regardé comme un domestique et je n'agissais plus comme tel. La confiance qui m'avait été accordée voulait que j'agisse comme je le faisais, toujours très-exactement. Je faisais tous mes efforts pour faire ou faire faire tous les travaux avec autant d'intérêt que peut avoir un véritable maître ; mais tout en le faisant bien, je n'étais plus surveillé, ni commandé. Je craignais que ma maîtresse ne se retirât de la culture et que par suite je ne me trouvasse sans place. Je me voyais donc plus malheureux que jamais. Enfin, le moment de quitter mon maître, pour la dernière fois, arrive ; on le conduit en terre. Je pleurais comme s'il eût été mon père ; on l'enterre. Je prie pour l'âme de ce brave et digne maître ; je lui donne un baiser sur sa tombe ; je reviens avec les parents et le propriétaire à la ferme. Il pose un instant et il cause de diverses affaires avec ma maîtresse ; il me quitte, en me disant que si je suis toujours aussi exact que je l'ai été jusqu'à ce jour, il viendra me voir sous peu de temps Je lui ai répondu qu'il pouvait compter sur moi, et j'ai continué mes travaux.

Environ un mois après, il est revenu à la ferme ; il me dit : « Dans le même moment que ton maître est mort, un autre de mes fermiers est décédé ainsi que sa femme. Ils n'ont pas laissé d'enfants ; toute la communauté m'appartient. Je viens t'offrir d'être mon fermier ; veux-tu l'accepter ? » Je lui ai répondu, le mieux qu'il m'a été possible, que je ne pouvais le faire, parce que je n'avais aucune garantie à lui donner. Il m'a dit qu'il aimait mieux un ouvrier comme moi, avec des bras, du courage et de l'énergie, qu'un riche cultivateur sans courage, sans énergie et sans expérience ; que, d'un autre côté, il avait fait part de ses intentions à ma maîtresse, et qu'elle y consentait. A ce mot, je me suis trouvé sans réponse. « Oui, me dit-il, ta maîtresse consent à te donner sa demoiselle en mariage, et la demoiselle consent à t'épouser. » J'étais stupéfait. « Oui, me répéta-t-il, la demoiselle consent à t'épouser, parce qu'elle espère que tu feras son bonheur. Le mariage aura lieu dans trois semaines. Vous réunirez les deux fermes ensemble ; il y en aura la moitié à ta femme et l'autre moitié pour toi, parce que je te fais ta dot. » C'est à peine si j'ai pu remercier mon bienfaiteur, tellement j'ai été surpris et satisfait, et le mariage eût lieu comme il avait été dit.

Malgré le chagrin que j'avais d'avoir perdu mon maître, je me suis trouvé parfaitement heureux pendant un an ; quelque temps après je me suis cassé la jambe. C'est dans ma convalescence que j'ai écrit les principaux événements de ma vie en y rattachant ce que l'agriculture a de plus intéressant. Toutefois, je m'empresse d'avouer que mon exposition est imparfaite, et je laisse à des hommes expérimentés le soin de traiter plus à fond cette importante question. Je me sens maintenant capable de marcher ; je vais m'occuper de la surveillance de la culture en résumant ainsi mon écrit :

« Le plus grand juge, c'est le temps ; le plus grand des » héros, c'est l'agriculture ; le plus grand ennemi de » l'homme, c'est la mauvaise herbe. C'est donc au culti- » vateur de la faire périr ; c'est à lui seul qu'appartient le » plus grand talent, celui d'embellir la nature et de faire » le bonheur du peuple en se résignant à la volonté de son » Créateur. »

GRÉVIN.

FIN

TABLE.

Amiens. — Imp. de Duval et Herment, place Périgord, 1.

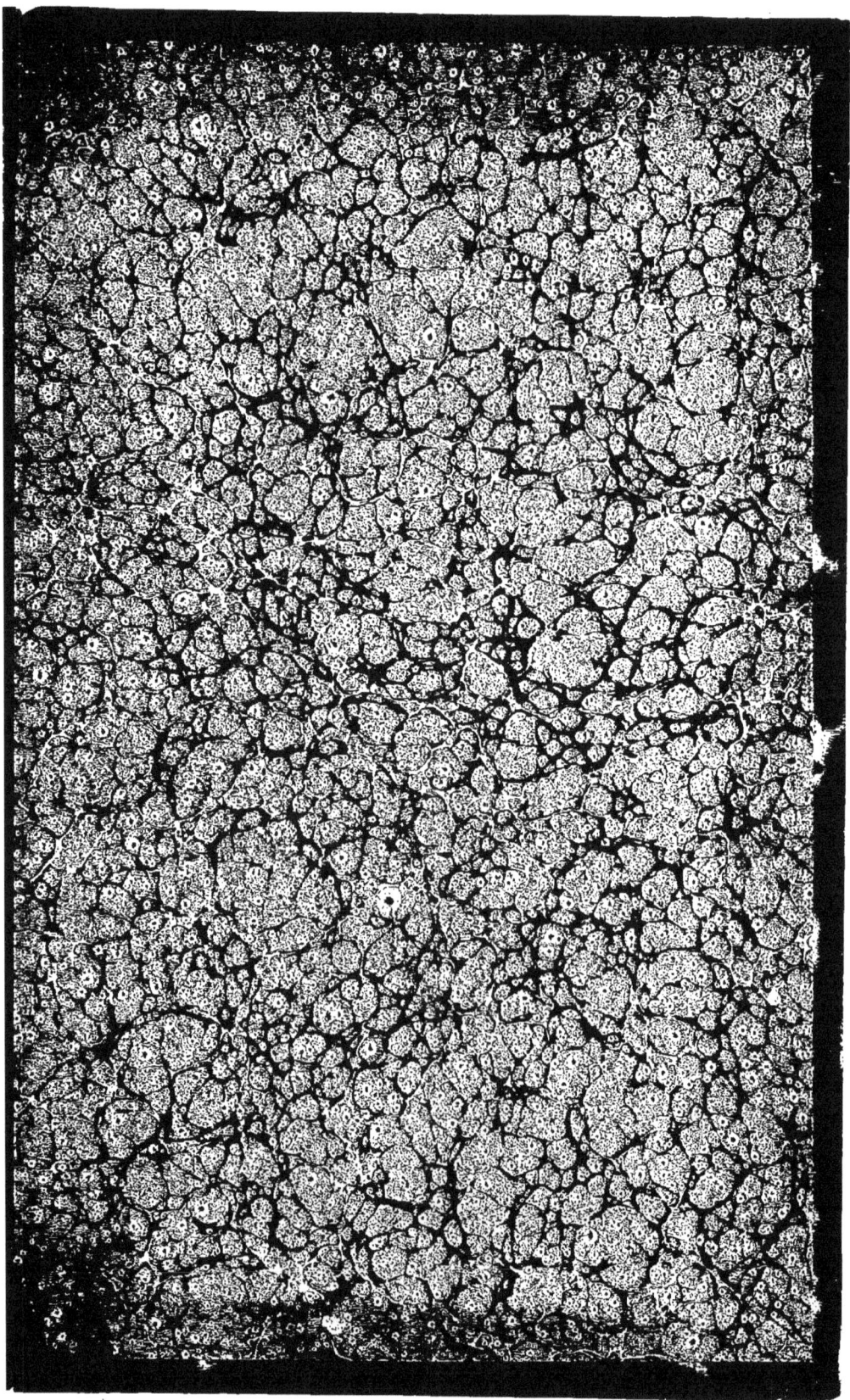

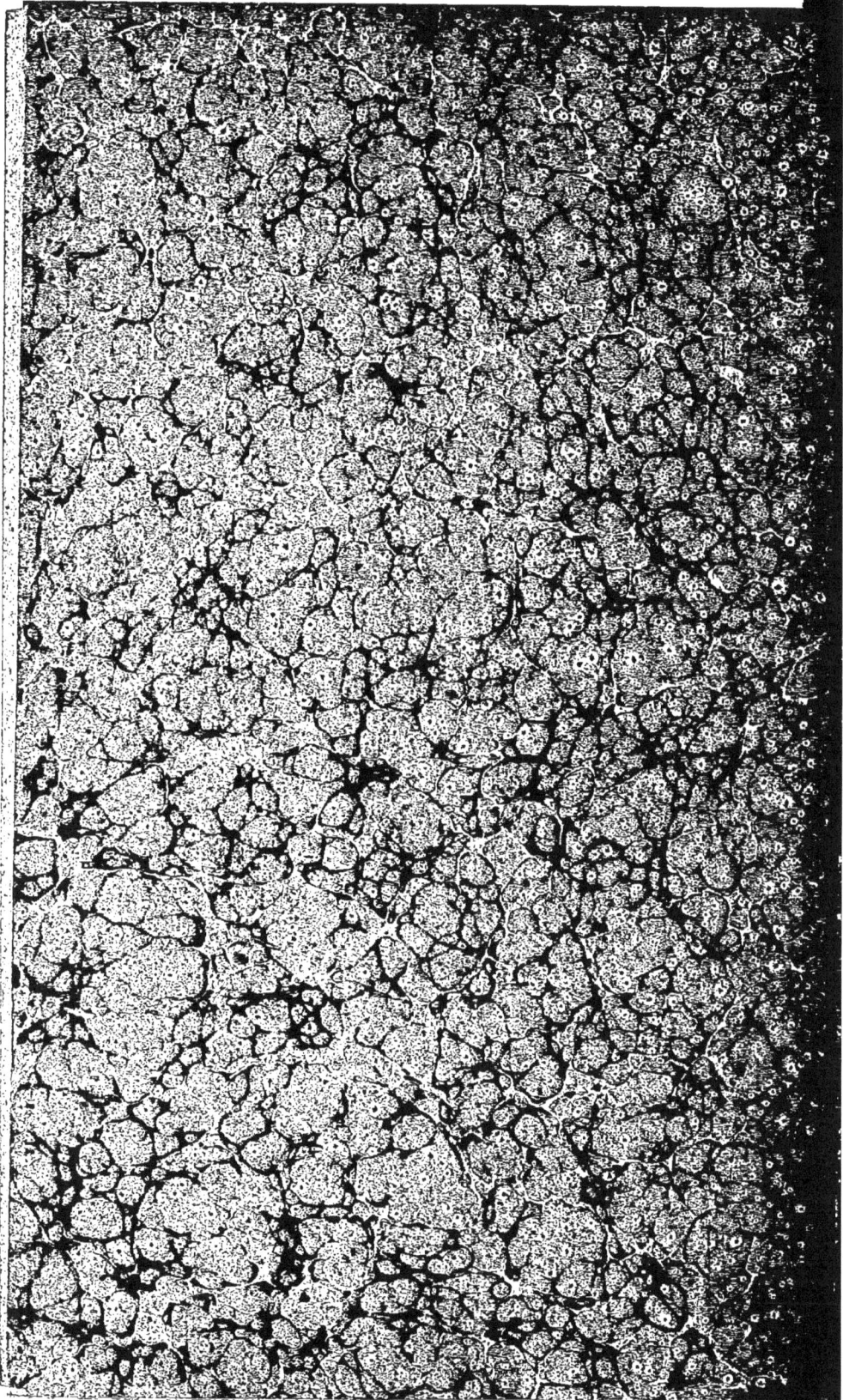

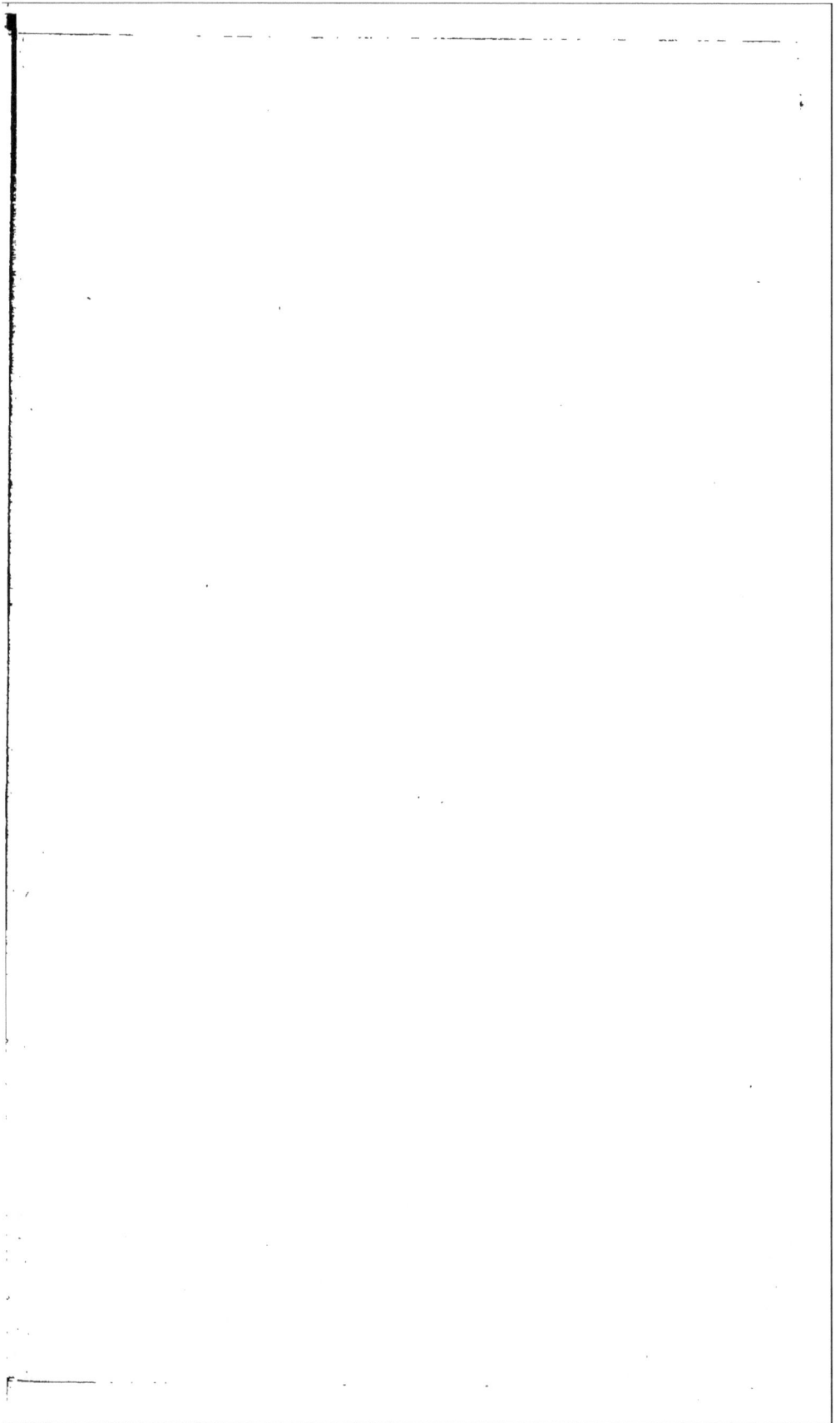